林业乡土专家
致富秘诀

主　编 ◎ 陆志敏

副主编 ◎ 王志龙　李修鹏

中国林业出版社
China Forestry Publishing House

图书在版编目（CIP）数据

林业乡土专家致富秘诀 / 陆志敏主编, 王志龙, 李修鹏副
主编. -- 北京：中国林业出版社, 2024. 9. -- ISBN
978-7-5219-2856-3

Ⅰ. S7

中国国家版本馆CIP数据核字第20249C0B81号

策划编辑：肖基浒
责任编辑：于晓文
装帧设计：北京钧鼎文化传媒有限公司

出版发行　中国林业出版社（100009，北京市西城区刘海
　　　　　胡同 7 号，电话 010-83143549）
电子邮箱　cfphzbs@163.com
网　　址　https://www.cfph.net
印　　刷　河北京平诚乾印刷有限公司
版　　次　2024 年 9 月第 1 版
印　　次　2024 年 9 月第 1 次印刷
开　　本　710mm×1000mm　1/16
印　　张　12
字　　数　300 千字
定　　价　88.00 元

序

林业乡村振兴的金钥匙

我国有集体林地25.6亿亩（占全国林地的60%），还有在农村产业结构调整过程中建成的大量果园、茶园、花卉苗圃，这些既是我国生态资源的基础，又是一亿多农户的生产资料和致富资源。不砍树、能致富，生态美、百姓富，始终是林区、山区的一个大课题。在解决这个问题中，林业乡土专家做了大贡献。

2014年，宁波在全市范围内率先实施了林业乡土专家计划。通过这一计划，将一批"懂技术、善经营、能带动"的乡村实用人才组织起来，带动农村和农民技术水平提升，突破了林业科技推广"最后一公里"的瓶颈。不仅如此，宁波还成立了乡土专家共富学院，建立全国首个为林草乡土专家提供技术培训和继续教育的平台，进一步推动了乡土专家在林业发展和乡村振兴中的作用。

正是通过这些政策和措施的深入施行，宁波的林业乡土专家在推动林业高质量发展、助力乡村振兴和共同富裕示范区建设中发挥了重要作用。他们在林业生态保护、科技创新、技术推广、农民培训、增收致富等诸多方面提供了坚强的智力保障和技术支持，为推动宁波乃至全国的林业现代化和乡村振兴做出了积极贡献。

宁波林业乡土专家的成功实践也为全国做出了示范。

2018年，中国林学会总结宁波等地经验，在全国范围推广了林业乡土专家的遴选认定模式，已在全国推出了1200多名乡土专家，给广大林农送去了不离乡的科学家。本书里的茅春苗、陈钧魁、姚春梅、潘树增、杨晋良、胡冬益、鲁孟军、黄才松、虞如坤、郑国明、朱孟定、蒋思金、曹华安、陈海栋、沃绵康、沃科军、鲁根水等人，就是中国林学会命名的全国林业乡土专家，也都是我的朋友。

中国林学会还在宁波设立了第一个科技服务站，为乡土专家服务农民助力赋能。

乡土专家的首创精神及其成功秘诀，是实现生态保护和经济发展双赢、促进乡村振兴的"金钥匙"。为了挖掘、宣传、推广乡土专家的成功经验，大力弘扬乡土专家的科学精神，宁波市林业园艺学会编写了《林业乡土专家致富秘诀》一书，通过对宁波林业乡土专家典型案例的整理和剖析，为其他地区提供了可学习可复制的经验。本书的出版，对一亿多涉林农户，对我们正在进行的乡村振兴事业，都是重大利好。

让我们致敬包括本书记录在内的所有活跃在基层一线的林业乡土专家们，他们是乡村振兴和共同富裕战线中最亮丽的风景线，是新时代最可爱的人。我们有理由相信，在习近平生态文明思想指引下的新时代，林业乡土专家将有更大的舞台施展才华，将为实现人与自然和谐共生的中国式现代化做出更大的贡献！

中国林学会理事长 赵树丛

2024年6月于北京

前　言

正值宁波林业乡土专家工作推行十周年之际，由原国家林业局局长、中国林学会理事长赵树丛同志作序，茅春苗、陈钧魁、郑国明等17位宁波全国林业乡土专家撰写的《林业乡土专家致富秘诀》一书，将由中国林业出版社出版。本书既是宁波林业乡土专家十年工作成果的一个缩影，更展现了乡土专家在乡村振兴、共同致富实践中做出的新成就、新贡献。

十年前，为了破解体制内基层林技人才短缺的问题，宁波将一批上联科研机构、下通基层农户、"懂技术、善经营、能带动"的乡村林业工匠、能人组织起来，于2014年在全市范围内推行林业乡土专家工作，积极探索以"林业工匠教林农""生产基地联林农""技术示范带林农"的模式，有效突破了林业科技推广转化"最后一公里"的瓶颈。林业乡土专家这一支没有编制、不拿工资的乡村林业实用人才队伍，他们手上有技术、脚下有基地、眼中有市场、心中有家乡，为宁波经济发展和乡村振兴做出了独特贡献。2018年在宁波召开的全国林业乡土专家工作会议上，中国林学会总结推广了宁波的经验。

在推行林业乡土专家工作的十年间，宁波市林业园艺学会在各级领导和有关部门，特别是中国林学会、省市林业局、市自然资源和规划局、市科学技术协会等单位的大力支持下，主动承接政府职能，不断创新完善林业乡土专家工作制度：成立宁波林业乡土专家联盟，增强队伍造血功能；依托中国林学会宁波服务站，为乡土专家释疑解惑，助力赋能；组织乡土专家赴山东、贵州、湖南、台湾、福建、云南等地高校或科研院所培训考察学习，开阔他们的视野，提升科技能力；创办"宁波市乡人乡品科技有限公司"和"宁波市林特精品展示展销中心"，打造"乡人乡品"区域公共品牌，为乡土专家林特产品宣传营销提供有效服务；严格实行考核聘任制度，定期表彰先进人物，陆续推出了乡土专家风采视频专栏，挖掘调动他们的荣誉感和积极性；在宁波城市职业技术学院挂牌成立乡土专家共富学院，搭建了首个全国乡土专家培训交流平台。通过这些举措和办法，使乡土专家队伍更富有生机和活力：队伍规模日益壮大，宁波已有各级林业乡土专家55名，其中国家级37名；从业领域不断拓展，由过去的以林特一产为主向三产融合发展；素质技能不断提升，初步实现了由传统种植实用能人向现代基层林业科技复合人才的转变；带动辐射范围更加广泛，技术服务、产品营销、基地建设等出市跨省，在更大的舞台上施展才华，成为推动基层林业科技和林业产业发展不可或缺的力量，赢得了"不离乡的土科学家""新时代的兴林富民带头人""林农身边金乡邻"的赞誉，涌现出了省市劳动模范陈钧魁、姚春梅和宁波最美林业人茅春苗、虞如坤、曹华安、杨晋良、鲁根水等一大批优秀乡土专家代表。

十年耕耘，硕果累累，我们选编成册的《林业乡土专家致富秘诀》凝聚着乡土专家们的汗水和智慧，见证着他们的风采和情怀，目的就在于弘扬乡土专家的科学精神和奉献精神，凝练并推广其宝贵经验，为更多林农提供可借鉴、可复制的致富秘诀，实实在在为乡村振兴做一件有意义的事。此书是宁波16名林业乡土专家在林业生产一线，历时数十年甚至两代人，历经无数次失败和挫折，勇于实践、敢于创新，方才取得的"真金"，可谓来之不易，难能可贵。本书中的秘诀具有浓郁的泥土味，讲的都是实用性、应用性较强的土招、奇招、怪招、绝招，可谓是因地制宜、土洋结合、奇正并用。但愿此书能为全面振兴乡村、实现共同富裕产生积极的作用，特别能为广大涉林农民助力赋能，提供有益的帮助。

本书的出版得到了宁波市哲学社会科学规划课题"宁波市乡土专家促进乡村全面振兴的工作机制及路径优化研究（G2023-2-33）"和宁波市科协2024年度科普图书出版资助项目的经费资助，在此表示感谢！

由于业务水平所限，加之编写时间仓促，书中定有诸多不当或谬误之处，敬请各位读者批评指正！

中国林学会宁波服务站理事长
宁波市林业园艺学会理事长

2024年6月

目 录

茅
春
苗

　　茅春苗，男，1965年6月出生，浙江省慈溪市人，中共党员。现任宁波市春望果蔬有限公司总经理、慈溪市楷轩生态农场场长、慈溪市杨梅产销协会理事、慈溪市农合联杨梅产业分会秘书长、宁波市林业园艺学会理事、宁波市林业乡土专家联盟主席。曾任慈溪市横河镇龙南村党支部书记。2014年荣获宁波市首批林业乡土专家称号，2017年获浙江省林业乡土专家称号，2018年被中国林学会评为中国林业乡土专家，2019年获聘国家林业和草原局首批百名全国林草乡土专家。

培育高品质杨梅，
打响"慈溪杨梅"品牌

茅春苗

一、从业经历

（一）从农事，办企业

1981年，我从慈溪市横河中学高中毕业，进入慈溪市文物管理委员会工作2年。1983年开始，随着农村土地改革，农田承包到户，回龙南村工作，曾先后任龙南村共青团支部书记、村党支部书记，同时从事农业，承包杨梅山。2007年经营杨梅面积120亩，2017年种植'红美人'柑橘20亩。横河镇是地理标志"慈溪杨梅"的主产区，特别是'荸荠种'杨梅，因其具独特的清香味和高营养价值，是药食同源的天然保健果品而闻名于世。2009年3月成立慈溪市春望果蔬有限公司，任总经理。2021年10月成立慈溪市楷轩生态农场，任场长。

（二）勤学习，兴科技

本人从事杨梅种植三十多年，一方面向经验丰富的老梅农虚心学习传统种植技术；另一方面积极向科技人员请教，从书本中汲取知识，并结合自身探索与研究，成功研发出杨梅种植新技术。自主创新了杨梅生产管理技术及保鲜包装技术，先后接受过中央电视台七套、四套4次采访报道，还多次得到人民日报、浙江日报、宁波日报等多家媒体的采访报道。与有关科技人员合作编写了《慈溪杨梅冷链物流操作规程》；合作成果"杨梅老树更新复壮推广与应用技术"获2013年国家星火计划项目证书；2016年与有关科技人员合作的"杨梅产业提升关键技术研究与应用"成果获浙江省农业丰收奖一等奖；2019年，参与编写"浙江省乡村振兴丛书""浙江省新型职业农民技术丛书"，将杨梅栽培、保鲜、包装等生产技术编写入丛书。

（三）树品牌，促营销

杨梅产业的关键在于果品的保鲜与营销。杨梅是一种较难贮运的水果，为了扩大杨梅销售半径，通过自主研发，发明了杨梅冷链保鲜技术，创造了具有保温功能的包装箱，从而提高了杨梅的附加值。同时，创建并注册了"春苗"商标，2017年入选中国中化集团（中国绿色食品有限公司）推出的"熊猫指南"中国优质农产品榜单，2018—2020年连续三年获全国优质农产品榜单"一星"荣誉，2021—2023年连续三年晋升为"二星"。2024年，慈溪市春望果蔬有限公司种植的杨梅、'红美人'柑橘通过美国食品药品监督管理局（FDA）认证，是目前宁波地区首家获得美国FDA认证的杨梅和'红美人'柑橘种植企业。从2000年开始，将慈溪杨梅通过保鲜处理，出口到欧洲、中东、东南亚等国家，成为我国杨梅保鲜出口第一人。2017年开始，通过包机将慈溪杨梅销售到我国香港地区。

（四）传经验，促共富

我每年为周边县市及乡镇讲课和亲临现场提供技术指导达20次以上。2021年当选慈溪市农民演说家以后，前往各地巡回宣传演讲杨梅生产技术等超过40场次，授课人数达千人次以上。每年帮农民营销杨梅和'红美人'柑橘产品，年营销达500万元以上。先后被有关部门授予慈溪市党员带富能手、慈溪市农产品供销之星、慈溪市杨梅产业突出贡献奖、慈溪市先进生产工作者、慈溪市十佳农民购销员、宁波市优秀林业乡土专家等荣誉。

我创办的杨梅基地被授予宁波市十佳精品果园、慈溪市农产品质量安全放心示范基地、慈溪市横河镇低收入帮护基地称号；'荸荠种'杨梅先后获浙江省优质农产品银奖、慈溪市多次金奖、慈溪市"十佳名果"金奖等殊荣。

二、高品质杨梅栽培秘诀

杨梅原产中国。根据浙江余姚河姆遗址挖掘发现，早在七千年之前就已经有食用野生杨梅的习俗。另据陆贾《南越纪行》记载，"罗浮山顶有湖，杨梅山桃绕其际"，说明在汉代的时候（距今2200年前）已有人工种植杨梅了。目前，杨梅种植区域广泛，品种多。在浙江一带以'荸荠种''东魁'两大品系为主，另有'夏至红''水晶杨梅''丁岙梅''晚稻杨梅''乌紫'等品种。

杨梅的成熟季节一般在6月上旬至7月初，是夏季为人们消夏祛暑的时令鲜果。特别是'荸荠种'杨梅，有独特的清香味，汁液饱满，营养价值高，药食同源，是天然的保健果品。杨梅食用功效多，具有生津止渴、健脾开胃、解毒祛寒之功效，多食不会伤身体。据《本草纲目》记载："杨梅可止渴、和五脏、能涤肠胃、除烦愦恶气。"

（一）种植园地选择

根据杨梅生态属性，宜选择远离污染区、交通便利、海拔适宜、坡度平缓、植被良好、排灌方便、空气好、水质良、能避风、最好有多种植物共生共养的山区种植，要求土壤深厚肥沃、透气排水性能良好。这样的环境对杨梅生长发育有利。杨梅园地的选择优劣，对杨梅的品质、产量有着较大的影响，也可为今后的培育管理提供便利。

（二）种植技术

杨梅种植应根据园地条件，考虑全面细致，包括种植时间、种植方法、种植密度等。

（1）整地挖穴。最好在冬季先进行整地，挖好种植穴，根据杨梅苗的大小，挖的穴当40~80cm见方，深度达到40cm。有条件的话，每穴放入适量的羊粪、焦泥灰、草木灰等农家肥，在冬季进行分化、腐熟。根据杨梅易遭冻害的特性，选择在春季2月下旬至3月种植最适宜。种植时最好选择不刮西北风的天气。

（2）品种选择。可根据市场需求、销售能力、经济效益、管理技术等，考虑种植品种和面积。考虑到大多数杨梅品种是雌雄异株，种植时必须搭配种植雄株进行授粉结果。杨梅苗的品种选择一定要纯正，进行比对，不要光听育苗者的介绍。选择苗木时，要确保其生长良好，苗木表皮光滑，根系发达且新鲜，无病虫害。千万不要购买根系带褐色、黑色等存在烂根的苗。种植时如采用裸根种植，最好将根部的原土清洗干净，这样可以清除病菌、预防病害。最好在清洗干净后，让根系蘸一下黄土浆，修剪好上部枝条，保持基本骨架，摘掉叶子，光干种植，并检查一下是否有嫁接时绑缚的薄膜或绳子等，如有，必须解掉。

（3）种植密度。一般每亩*在20~25株，株行距大约6m×5m，呈交叉梅花形种植。种植时，原先挖好的穴，要根据杨梅苗的根系长度进行校正，苗木的嫁接部位要露出地面，切不可盖住嫁接口，最好将嫁接口置于背风方向，以防被大风吹断。种植时，要确保苗木根系舒展并向四周均匀分布，扶正树干，先放入部分细土，轻轻摆动几下苗木，让细土渗入根部，随后再填入一些土后进行夯实，然后一边填土一边夯实。如果条件允许，浇透水，然后再盖一层疏松的细土，以减少水分蒸发。随后覆盖稻草或压2~3块大点的石块，能够保湿、防晒、防风，提高苗木成活率。

（三）栽种后的管理

杨梅树种植以后，如果出现长期晴天，可能会导致土壤干燥，对杨梅树萌芽及成活会造成严重影响，因此，要设法为种植的树苗进行补水，尽量浇透水，并覆盖防晒材料，防止树苗干死。如果刚种下的杨梅苗周围有杂草生长，应及时清除。待开春，杨梅萌芽后检查成活情况，一般萌红芽证明植株健康成活，萌青芽可能成活上有问题，最好检查一下种植时土壤是否夯紧实，或种植后是否有摇晃的情况，如有此种情形，及时夯紧泥土，浇透水，盖好防晒材料。

萌芽后通常不必抹芽，长芽与发根是同步的，有多少芽发多少根。如碰到高温干旱天气，尽量补浇水、松土、覆盖柴草，可防晒并防止蒸发量过大。如有条件，对成活的杨梅树适量浇施水肥，一般以0.3~0.4kg的平衡复合肥，兑水50kg浇施，既能保持湿润，又可增加生长营养，根据实际情况每隔15~20天浇施一次，尽量做到薄肥多施、兑水浇施，以促使杨梅幼树健康生长。

翌年春季对上一年新种的杨梅树进行整枝修剪，目的是调整树势平衡生长，保持树体基本冠幅形状，减少养分消耗，改善通风透光，促进当年良好生长。对细小枝、下半部的枝先进行修剪，对内膛枝有重叠、交叉的进行适当疏剪，每一根主干上留3~4个主分枝即可，如果有过高的分枝，适当修剪使其生长平衡。如果当年春季生长过旺，可适当进行抹芽，有梢长过长的，可采取摘心来平衡树

---

* 　1亩=667m²。

势，促进夏秋生长平衡均匀、枝梢生长健康粗壮。树冠尽量保持"W"形，增强通风透光，促进良好生长。在春季适当施以羊粪、焦泥灰或草木灰一起发酵的农家肥，挖沟穴施，促使根系发达，树势强健，为杨梅稳产、提高品质奠定基础。

在挂果前，可通过修剪、施肥等方法促进杨梅树的冠幅尽量向四周扩展。每年最好在秋季施基肥，采用挖沟穴施的方法，尽量使用农家肥、有机肥等。每年在秋季或春季进行整形修枝，将重叠枝、霸王枝、交叉枝、过密枝、下垂枝修剪掉，使树顶部呈"W"形，实现通风、透光，促进花芽分化，提早挂果、保证稳产、提高品质、增加效益。

（四）疏花疏果技术

杨梅一般以春梢枝和夏梢枝作为结果枝。秋梢枝要根据气候条件以及老熟程度而定。若是早秋枝，结果的概率相对较高。如果杨梅顺其自然结果，通常会出现大小年，大年果多但果小，商品性差，小年产量低、收益差等，要想每年稳产，就必须做好疏花疏果管理工作。

疏花是一门比较难精准把控的管理技术。疏花得当，则产量稳定、品质优良，能够连年稳产，收益丰厚；疏花不当，要么产量过高、果实过多导致劣质，要么商品性欠佳，均不受欢迎。还有的会疏花过度，严重影响产量，减少收入。

疏花最关键的一点靠观察，首先要确定杨梅挂果枝是春梢、夏梢还是秋梢。春梢枝与夏梢枝的枝干呈褐黑色，杨梅花大，花柄长，且花与花之间有梢距。秋梢枝干带青绿色，叶子呈黄色，花小，花柄短而密。

如何做好疏花工作以保证产量呢？首先，可以适当地进行修枝，减少结果枝，对过密枝、内膛枝、下垂枝、重叠和交叉枝等疏掉一部分，以确保通风透光，层次分明，从而提高品质、稳定产量。其次，在杨梅开花期采用喷洒叶面肥的方法进行疏花，稳定产量。在此过程中，必须勤观察。杨梅在宁波一带的开花时间一般始于3月中旬，花期相对较长，原因在于雌雄异株，靠风吹雄花粉进行授粉结果。

一般于3月20日开始对果园结果情况进行观察。早期可以一天观察一次，到3月25日以后，最好上午一次、下午一次。如果天气良好，有的果园面积小，气候适宜，可能上午与下午会有不同的结果产生，以免错过最终疏花时间。如果在观察中发现零星花柄顶端有一粒苋菜籽大小的幼果形成，且形成的幼果上的两根红色花柱呈紫色有下弯或脱落，这时可以开始喷洒疏花液。疏花液可以自配或购买。自配可采用磷酸二氢钾+硼砂+尿素，购买的按配制比例兑水喷洒，喷洒时间选择晴天9:00~15:00效果最佳，如杨梅开花期一直是阴雨天，气温在20℃以下，一般不会形成幼果；如温度超过20℃，则容易形成幼果。因此，要选择晴天、阳光好的天气，在最佳时段喷洒疏花液以达到最佳的疏花效果。

在疏花过程中，往往很多梅农不注重观察，跟风疏花现象很多，会导致疏花失败，出现结果量很多，这样我们必须采用疏果手段来控制产量了。疏果时大家千万不要心疼，一般一个枝头留1~3个足够了，有时一个枝头一个不留也没关系。根据多年的实践，我觉得在硬核期后，或刚进入转色期是最佳疏果期，这时果实大小很明显了，果大的每一个枝头留1~3个，其余都疏掉，这样既保持产量又提高品质，商品性提高，价格高收益好，产量每年稳定。

（五）施肥

杨梅是一种不需要大肥大水的水果，但为保证杨梅树的健康生长，施肥是必须的，以保持或增加土壤肥力，增强土壤的微生物活性。所使用的肥料应是不会对杨梅树的生长环境和果实品质产生不良影响的肥料。

施肥也要符合杨梅的需求，杨梅喜欢什么肥，就施什么肥。根据实践经验和杨梅的需求，杨梅最喜欢草木灰与家禽粪发酵的农家肥，因为这种农家肥可以满足杨梅生长和果实所需的大、中量元素和微量元素，杨梅所需的氮肥，是通过叶子吸收进行光合作用，再经由根瘤菌固氮，已足够。杨梅偏好碳酸钾和硫酸钙类的元素肥料。因此，我们对杨梅施肥，一定要选择草木灰与家禽类粪肥发酵的农家肥。

现在的杨梅园，由于缺少草木灰等农家肥，对杨梅的果实品质产生了不良影响。有的过度施化肥，有的施商品有机肥，有的施饼肥类，由于草木灰与家禽类粪肥发酵的肥料少，且搬运上山的成本高，施用的少，导致杨梅园的土质变得僵硬、板结，严重酸化，pH值大多处于4.5及以下，从而导致杨梅园的土质缺钙、镁、硼等中、微量元素，造成杨梅的硬度差、糖度低、原有的风味消失等状况。

1.基肥

施基肥的最佳时期为秋季，秋施基肥是"金"，其次是冬季，冬季施肥是

"银"。基肥尽量选用有机肥、草木灰与家禽发酵肥、镁类肥料等，根据树的大小，施足为止。基肥必须进行沟施或穴施，施肥沟一般挖20cm深，宽度根据树的大小掌握。如果是大树，可以选择一年施半边，第二年另外半边，这样能减少杨梅树断根情况；也可以采取点穴施，对大树选择4~6个点，挖穴施，每年更换施肥的穴点位置，以确保不伤根。

2. 追肥

追肥要根据杨梅树的长势，对生长势弱的树体在2~3月追施适量的复合肥，其他树一般不用追肥。关键在于开花前，补施钙、镁、硼等中量元素肥。由于当下的杨梅树已经出现所需的中、微量元素短缺现象，因此，补施中、微量元素肥显得尤为关键。

3. 幼果期肥料管理

首先，在杨梅幼果结下后的15~20天内，喷洒一次叶面肥。叶面肥配制：①采用含多种中、微量元素的氨基酸；②磷酸二氢钾+硼+锌；③硫体钙+纯硼+锌等，进行一定比例喷施。喷施时选择阴天或晴天的15:00以后，喷施至叶面滴水，促使更好吸收，促进果实膨大，提高品质。这一次的叶面肥对杨梅果实大小的作用与效果相当显著。

其次，在杨梅开花期至幼果期，适当增补钙、镁、硼等中量元素，每年增补一次，一般用量为钙镁肥5kg、硼砂2.5kg，对全片果园进行撒施。有的人会问，你怎么知道杨梅园缺钙、镁、硼等中、微量元素了？因为土质的pH值在5以下，就开始缺钙、镁、硼了。如果pH值低于4.5，钙、镁、硼等中、微量元素会严重缺乏。根据目前我的经验，大多数杨梅园的土质pH值在4.5及以下，因此增补钙、镁、硼、钾肥迫在眉睫，以使杨梅达到理想品质。

再次，在杨梅硬核期后，即将进入转色期时，建议喷施叶面肥2~3次，促使果实增大，糖度提高，果肉变硬。可施用含多种中、微量元素的氨基酸，或钙、镁、硼、锌等。在杨梅着色中期喷施一次磷酸二氢钾+纯硼来保果，减少落果。这样既提高品质，又增加收益。

（六）修剪

杨梅树修剪的目的是控制树形和高度，调整树势，改善树体结构和通风、透光条件，减少消耗养分，避免产量大小年，提高果实品质，实现持续稳产、优质、高效。

杨梅树修剪最佳时间，应当在其停止生长后，即在10月下旬开始至翌年2月。根据不同的杨梅树，可修剪成不同形状，如开心形、馒头形、主干形、疏散形、"W"形等。

根据树枝大小，选用锯子或剪刀进行修枝。首先修剪掉衰弱枝、病虫枝、骑马枝、霸王枝，促进有效枝的健康生长。随后疏除过密枝、交叉枝、下垂枝、重叠枝，以实现通风透光，促进花芽分化，提高产量。特别是对内膛的徒长枝尽量修掉，对部分枝条也可采用短截的方式进行修剪。短截能促使萌芽增多，使母枝增粗，使树势骨架更为坚固。在修剪过程中，应尽量避免缩小树冠，这样容易伤根，对生长造成不利。通过合理的修剪，从而扩大树冠，增加光照，推动营养生长向生殖生长转化，提高果品品质。

（1）小树修剪要点。如果是3年生的小树，定植1年后，以疏删轻剪为主，培养好主枝、副枝、侧枝，保持基本冠幅，对过高的枝进行短截，合理配置好枝条的空间分布格局，促进树势平衡和健康生长。

（2）初挂果树修剪。调控营养生长与生殖生长之间的平衡关系为主，保证形成良好的树冠，控制徒长枝和霸王枝，采用回缩、短截的方法，尽量去强留弱，保持适量结果，维持树势平衡。

（3）产果树修剪。对树顶上的直立霸王枝一定要剪掉，尽量保证树冠开张，疏删过密枝、交叉枝、内膛枝，修掉衰弱枝、下垂枝，树冠顶部最好成"W"形，可充足内部阳光，增加通风量，调节生长枝与结果枝平衡，达到稳产，提高精品率。

（4）老树更新修剪。针对成年的老杨梅树，存在植株高大、不利采摘、品质较差、产量低等情况，需进行改造修剪。根据树的长势，分3~4年进行更新改造。先利用去强留弱的方法，尽量在保证树冠的前提下，采用开天窗的方法，锯掉大枝的1/3或1/4，对锯掉的刀口进行涂抹处理。对地下的部分进行相应的断根处理，或深翻土层，施足有机肥，增加养分，促进新根萌发，有利于快速复壮树势。通过这种方法，完成老树更新复壮。

（5）矮化修剪。对成年的杨梅结果大树，由于树体高大，常带来采摘安全隐患，因此需对它进行矮化，降低树高，提高采摘效率，保证安全性。修剪步骤采用分年局部进行，遵循"先大枝后小枝、先上后下、先内后外"的原则。首先，锯掉中心的直立大枝，第1年即第1次修掉1~2根，剩余的分第2年、第3年一一进行。其次，修剪高度超过目标高度的直立枝，修掉部分徒长内膛枝，适当修掉斜生枝和重叠板，修剪量不要超过1/3。以后根据每年所生长的新枝情况，作适当删枝、短截等修剪整理。修掉过高的枝，疏删过密枝、交叉枝，控制好树势，修掉过旺生长枝，保持冠幅，促使通风透光，增加产量，提高品质。

（七）果实保鲜

一般生产杨梅的地区大多在我国南方一带。此时正值梅雨季节，高温多湿，成熟的果实容易腐烂，且难以长途运输。由于杨梅具"一日色变、二日味变"的特性，我在1997年开始试验杨梅贮存保鲜技术，经过多年的试验，终于成功了。自2000年开始，杨梅通过保鲜处理，出口至欧盟、中东、东南亚等国家和我国香港地区。

根据杨梅的成熟度，应选择八成半以上，即呈紫红色和紫黑色的杨梅，此时其风味最佳、口感最宜。采摘时尽量减少倒来倒去的环节，采摘完成以后，先放入空调房进行降温处理，然后进行分拣、包装，把青果、小果、过熟果、病虫果、机械损伤果及成熟度不够的果挑出来，将优质果装入能透气的容器内，边包装边放入冷库。冷库温度设置：前期温度为2~6℃，后期为0.5~4℃，在冷库内必须预冷10个小时以上，使杨梅果实的中心温度也能达到所设置的温度，否则在长途运输中，杨梅回湿快，容易变质。在冷库里完成打包，出库发货。

结束语

以上是本人历经三十多年，在杨梅生产培育管理上摸索的小成果，供广大梅农借鉴，目的是让广大梅农种出品质优良、产量稳定、安全高效的杨梅，培养一批有文化、懂技术、善经营管理的新一代梅农。由于本人水平有限，难免存在不足之处，望请广大梅农朋友们提出宝贵意见，大家一起共同交流学习，促使杨梅产业能够实现更好的可持续发展。

专家点评

慈溪市横河镇是"中国杨梅之乡"的核心区。茅春苗，三十多年来坚持把"慈溪杨梅"品牌做大做强。在种植技术上，坚持有机栽培，培育高品质杨梅；在营销上，拓展市场，包机出口欧洲、中东以及中国香港等地，成为出口杨梅第一人；在技术帮扶上，为周边群众指导杨梅绿色栽培，帮助梅农营销杨梅，每年销售500万元以上；作为宁波市林业乡土专家联盟主席，带领全市林业乡土专家发挥更大作用，成为宁波市林业乡土专家"领头雁"。

点评专家：陆志敏

陈
钧
魁

　　陈钧魁，男，1970年3月出生，浙江省余姚市人，林业工程师、农业高级技师。第十五届宁波市人大代表、第十四届余姚市政协常委。2011—2018年连续获评浙江省农村科技示范户；2013年被余姚市人民政府评为余姚市中青年科技人才；2016年被宁波市林业局聘为宁波市林业乡土专家；2019年被中国林学会聘为中国林业乡土专家；2020年获宁波市十佳科技追梦人、浙江省百佳科技追梦人称号；2022年获宁波市优秀乡土专家、宁波市农业农村局"新农匠"称号；2022年被国家林业和草原局聘为全国林草乡土专家；2024年4月被浙江省委、省政府授予浙江省劳动模范称号。在余姚农业界有"田间秀才"的美誉，在马渚四联村老少亦亲切地称其为"魁先生"。

创造玉露蟠桃致富秘诀，带动一方产业

陈钧魁

一、从业经历与成效

1998年3月，开始承包山地种植杨梅、油桃、李等果树，面积15亩。

2000年春，在山地引种蟠桃新品种，扩大果树种植规模，面积达到54亩。

2004年冬，在平原继续扩大蟠桃种植规模，同时开展品种选育和优质高效栽培技术应用与研究，基地规模达到136亩。

2007年春，引种'红阳''金魁'等猕猴桃新品种，发展基地30亩。同年6月，成立余姚市四联果树种植有限公司，水果生产基地面积达到166亩。

2007年9月，组建成立了民营余姚市四联蟠桃研究所。

2008年10月，组织成立余姚市益果农公益志愿队，依托上述组织机构对市内外乃至省内外的水果大户进行无偿技术指导。期间，与中国科学院武汉分院、浙江省林业科学研究院、宁波市农业科学研究院等科研院校，建立了紧密的科技合作关系。

2013年，从浙江省林业科学研究院引种薄壳山核桃，在猕猴桃基地作防风遮阴树种进行套种研究。

目前，共承包蟠桃、猕猴桃、杨梅等果树生产基地166亩。2022年，除66亩蟠桃基地当年因全园更新，没有产出外，其余基地均取得很好经济效益。其中，45亩蟠桃基地总收入170万元；30亩红心猕猴桃平均亩产1600kg，总收入85万元；25亩杨梅总收入36万元。上述3个水果基地，总收入合计291万元，除去生产成本132.8万元，实现净利润154.2万元。2022年，山地蟠桃（黄洋山）基地虽已是22年生高龄老桃园，在果实膨大期又恰遇高温干旱天气，但由于基地装有喷滴灌设备，进行精心管理，园地仍然丰收，果实品质好，最终测算亩产值达3.6万元。同时，平原蟠桃基地（树龄16年）采用设施大棚加水肥一体化设备生产模式，亩产值达4万元。

针对果树栽培技术上的难题，与有关科研单位合作攻关。2007—2019年，主持国家星火计划项目1项，主持或参加省级科技项目1项、市级科技项目10余项，其中：主持科技项目3项，撰写科技论文5篇，并在专业刊物上发表。2011年，引种薄壳山核桃优良品种及早实丰产获得成功；2011年，种植的玉露蟠桃获宁波市"掌起杯"擂台赛最高奖、最佳风味奖；建立的基地分别获宁波市蟠桃标准化示范区、宁波百佳精品果园，被评为浙江省基层农业技术推广优秀"万向奖"、浙江省科普示范基地、浙江省林业科学研究院特色经济林绿色防控科技示范基地。

二、技术共享与服务

主要产业以种植蟠桃、水晶杨梅、灵芝为主，对种植管理技术进行深入研究，作为宁波市玉露蟠桃规模化种植及推广第一人，在自己成功的同时，不忘周边果农种植技术与销售困难，二十多年如一日，热情免费技术服务与上门指导，服务足迹还涉及绍兴、丽水、宁波、杭州、上海崇明岛等地，余姚、宁波的新闻媒体曾为此作过专门报道，称其为"编外的热心农业专家"。

先后在省内外推广蟠桃种植面积达7000余亩，所在的家乡四联村成为远近闻名的蟠桃村，"四联蟠桃"品牌在宁波市具有相当高的知名度。在以蟠桃为主的水果生产创业中，先后攻克蟠桃流胶病与褐腐病的防治难题；针对猕猴桃生产上重大病害——溃疡病的防治难题，通过5年探索攻关，终于发明出一套非常有效的防治技术，并在周边基地进行大面积推广。

常年对周边果农开展3~4次技术培训，受益果农达300人次；通过联结乡镇残联，开展爱心援助培训残疾人水果种植技术，并赠送苗木与果品。通过开通24小时爱心技术热线，无偿为市内外果农提供技术咨询或上门服务。期间，积极参与省内山海协作活动，在丽水市松阳县结对帮扶发展蟠桃、猕猴桃种植基地2个，赠送苗木3000多棵，面积达30亩，常年上门技术指导4~5次，助力增收致富。

三、玉露蟠桃建园育苗及栽培管理技术秘诀

（一）蟠桃的品种及种植分布情况

蟠桃是桃的一个变种，原为我国所特有，其果形扁平，可食比例高，多数品种风味甜而多汁，因此深受我国广大消费者的喜爱。蟠桃根据其果肉颜色、肉质、风味及黏离核情况可分为南方蟠桃和北方蟠桃。宁波是我国南方蟠桃的重要产地，玉露蟠桃和黄露蟠桃均原产自宁波奉化，而南方蟠桃系列中的离核蟠桃、黄金蟠桃、白花蟠桃、仕圃蟠桃、撒红花蟠桃等品种，在宁波地区也有广泛分布。特别是玉露蟠桃以果大、味甜、多汁、气味芳香、肉质可口、营养丰富而享誉省内外。近几年，新选育出的一些蟠桃品种异军突起，如早露蟠桃、仲秋蟠桃、美国紫蟠等品种，上市后由于形态特别且口感好，深受消费者喜爱，目前市场价格不菲，农民种植户收入亦十分可观。

（二）蟠桃对种植环境条件要求及品种生长习性

因蟠桃种质资源相对有限，在浙江地区种植的品种大多数属于中熟品种，以玉露蟠桃、黄金蟠桃、早露蟠桃、油蟠桃以及新育品种魁蜜蟠桃为主，多数品种皆露地栽培。

浙江地区属亚热带季风气候，四季分明，年均气温适中（15~18℃），雨量充沛，空气湿润，5~6月为集中降雨期，但当前种植的蟠桃品种在7~8月成熟，恰逢江南梅雨时节。这种雨水集中、空气湿润的气候条件，极易导致蟠桃幼果开裂、树干流胶、枝梢枯萎以及植株褐腐病多发等生产问题。根据本人于2000年调查分析，在整个宁波市内除零星种植玉露蟠桃外，5亩以上集中连片基本没有，造成这种情形的主要原因有以下两点：

（1）蟠桃果形圆扁奇特，中心脐眼凹陷，容易使雨水与湿气长时间积聚停留，从而引起裂果及病菌滋生。

（2）蟠桃与水蜜桃相比，长势相对强旺，枝叶繁茂，在整形及修剪上相对工作量较大，如稍粗放型管理，就会出现植株结果少、产量低、病虫害多等现象。

为解决蟠桃种植中的诸多生产问题，本人经过20多年的种植实践与研究，现

整理出一套玉露蟠桃标准化种植管理技术，以期给广大种植大户在日常蟠桃栽培管理中起到借鉴与应用。该技术主要内容涵盖种苗繁育、园地选择、土壤改良、苗木定植、幼树管理、造型修剪、病虫防治、肥水管理以及避雨设施、果实保鲜等技术。

（三）种苗繁育

1.苗床选择

蟠桃是浅根性树种，根系大部分呈水平状分布，其扩展度通常为树冠0.5~1倍，深度为30~40cm，尤以10~30cm分布最多。蟠桃喜光性强，最喜土壤通透肥沃、排灌便利的沙壤土或结构性较好的黏土地作为苗床，土壤板结贫瘠、土层浅薄、易受干旱以及地下水位过高的园地，则不宜作育苗基地。

2.土壤处理

用作育苗的地块，于前年11月按每亩施腐熟有机肥或基质肥2000kg，甲拌磷、硫酸亚铁各4kg，另加五氯硝基苯2kg，均匀撒在地表，然后用机械进行深翻深耕。耕作后做成90cm宽的高畦，每行留深20cm、宽30cm步道（小沟）。

3.种子准备与处理

为保障幼苗生长整齐一致，用于播种的种子要求大小均匀，统一进行沙藏处理，一般在11月中旬浸种，约7天后捞出，与湿沙1∶3比例混合，在低温条件下沙藏备用。

4.播种时间与方法

播种一般在11月下旬进行，首先将90cm高畦用微型小耕牛（微耕机）作表泥细耕，耕细松土后每畦播种3行，行距为30cm，株距为30cm，种粒平放，上面覆土，厚度以4~5cm为好。如土壤表面干燥，可用机动喷雾机进行适量喷水处理，然后将二畦并一行，搭建6m小工棚并用标准膜覆盖（薄膜以0.65mm新膜为标准），保持冬季与早春的温度与湿度大致稳定。

5.苗期田间管理

播种覆膜后，一般2月下旬至3月上旬种子开始陆续出苗。由于出土苗木幼嫩，出苗后不甚整齐，此时的田间管理十分重要。苗床杂草是幼苗期重点管理对象，必须按人工"除早除小"的原则，及时清除杂草。对于那些发芽晚的小苗，其生长更慢，一旦遮阴不够或不当，伴随天气的影响，容易出现蕉叶、枯黄，长势瘦弱等现象。为此，待幼苗出土展叶后，要结合病虫防治进行叶面喷雾，药剂可选择康朴凯普克水溶营养液600倍液，也可选用啶虫脒、氯氟氰菊酯、甲基硫菌灵（硫菌灵）等杀菌防病。为提升小苗长势（此配方亦可用于成苗早春栽培管理上），选用聚谷氨酸生物菌剂加矿源黄腐酸钾兑水进行浇根施肥，以促进小苗发根壮苗，改良土壤，提升壮苗率。通常使用此配方半月浇根一次，效果更佳。

待3月中旬气温上升，霜冻解除后，可去掉苗床覆盖的薄膜，开始幼苗露地栽培管理。此时，可选用杀菌剂如甲基托布津、辛菌胺、四霉素，杀虫剂如蚍蚜酮、氯氟氰菊酯、甲维盐、虱螨脲，叶面肥加入芸苔素内酯进行交替喷施，以防治病虫害危害，要注意及时浇肥水排涝，用水溶复合肥100倍液半月一次浇根施肥，保证土壤肥力，促进幼苗壮实成长，为嫁接做好准备。

6.幼苗嫁接管理

在浙江地区入梅前后（6月5~10日），此时幼苗长至15~20cm高，地径粗度为0.5~0.8cm。选取健壮结果大树、芽眼壮实的长枝条作接穗，剪除叶片，仅留少量叶柄，并保留1个芽眼。在幼苗中段粗壮部用嫁接刀划"十"字刀口，将芽眼去除木质的接穗直接插入，露芽，用专用膜包扎，包扎须严实。待接穗萌发后，要及时抹去砧木上的萌芽及萌枝，以保证接穗生长。

（四）蟠桃控根容器育苗技术

蟠桃属于浅根性树种，要求土壤通透肥沃，土层深厚松软，因控根容器体积固定有限，应筛选出最佳基质土配方：泥炭土43%、砾石沙29%、珍珠岩细粒9%、菜饼肥10%、豆粕肥9%及pH值为6.5~7.0的微酸性土壤。采用上述配方基质，2019年11月下旬至12月的2年生嫁接苗，其平均苗高1.75m，地径粗度1.7~2.0cm，根系粗壮发达，明显优于地栽幼苗，而且可以延期种植，成活率很高。

（五）园地选择

1.地形及土壤的选择与建园条件

种植玉露蟠桃的园地，应以光照充足、四周通风、地下水位较低、排灌条件良好、地势平坦（如山地坡度低于15°），且远离污染源，处于农业生产区域，或平坦的山地区域为佳，要求土壤深厚、质地疏松肥沃。

此外，对于一些经过多年改良的盐碱地，在具备光照适宜、通风良好、地下水位低，同时排灌条件好的，且地势和土壤质量达到相关要求的，也可作为建园的选择。

2. 土壤改良

每亩选用腐熟农家肥2000kg（或用生物菌有机肥2000kg），另加土壤调节磷钙肥每亩75kg（或用氰氨化钙肥40kg），作为基础肥进行深施改土。在深耕翻耘时，平原园地采用中型拖拉机开展作业，而山地可用中小型挖机进行作业，翻耕深度以控制在30~40cm为宜。

3. 建园及种苗定植

园地四周应挖掘进、排水沟，一般以深度50~100cm、宽度40~50cm为宜。对于方正平坦地块，种植行每行设计宽度以5m为宜；对于地形不规整的山地，每行宽度可稍密点，以4m为宜。株距平原以4m为标准，山地以3.5m为标准。每畦设立排水小沟，沟宽40cm、深30cm，形状以梯形为佳。园子四周进、排水沟分布处，应预留出人行道与机械车道，以便日后小机械与小型车辆的出入。

苗木定植时间选择2月下旬或3月上旬。挑选2年生露地或容器嫁接苗，将嫁接处的绑扎膜清理干净后，在嫁接处上端留饱满芽3~4个，高度控制在60cm左右进行短截。苗根（露地嫁接苗）应剪去多余次根须、烂（或损伤）根，容器苗不用剪，然后放置于500倍液双氧水（过氧化氢）加四霉素1000倍液混合成的消毒药液（或根腐灵菊聚烯糖600倍液）浸根部及嫁接处1小时，消毒杀菌，待植。

定植带采用起垄方式，垄高20~40cm。

定植点挖成圆形点，深30m、直径40cm左右，将蟠桃嫁接苗放入中间，理顺根系，回填松土至嫁接处下，用手轻压即可（不可用脚重踏），随后将苗轻提一下，再用手轻轻按压四周即可。容器苗可将定植点挖深至40cm即可。上述苗木种好后浇上现配定根肥水液（矿源黄腐酸钾1000倍液+安琪酵母肥1000倍液），每棵浇2.5~5kg，然后四周覆盖稻草（上面压点泥粒，以防被风吹掉），用于保湿保温，保持土壤通透性，促进幼苗健康生长。

（六）幼树管理及造型修剪

蟠桃在3月初新芽露尖时，应定期进行肥水管理与病虫防治、疏枝整形。3月中旬应对露芽种苗进行疏芽管理，在嫁接处以上15~20cm，保留壮实芽3~4个，疏去多余的芽。每隔15天根施一次发根壮秆肥，配方如下：矿源黄腐酸钾100g+

菜饼磷肥发酵液（按菜饼∶磷酸二氢钾∶水=5∶1∶100的比例配制，再进行高温发酵20天，备用）3kg+尿素250g，兑水50kg进行浇根，每棵2.5~5kg，连浇3次。此外，从3月上旬开始每隔15~20天防病虫一次，杀虫剂用啶虫脒、氯氟氰菊酯、甲维盐芸苔素等交替使用（忌代森锌与噻唑锌一起使用）。叶面也可混合或单独喷施铁锌硼，促进树苗快速生长。

造型方式1：幼树至5月中旬，一般枝长可达50~60cm。应根据正常长势，及时造型修剪。主干保留不同方向的三大骨干枝条，剪除多余枝条。保留枝条应选择徒旺枝（枝干呈15°~40°），再进行矫正拉枝。拉枝最好选用小竹斜插固枝法。

优势：保持树势平衡，树形漂亮美观，并可保证枝条无折损；提高效率，减少劳动力成本。

方法：用小竹插入泥中固定三大骨干枝，可矫正枝条45°角度的一致性，如遇大风天气竹枝随风飘动，不会导致枝条折断。

造型方式2：根据蟠桃种植环境及设施，也可以用主干分层型作为造型模式。当主干长至1.5~1.8m时打头，自根茎部向上60cm处保留3个分布均匀的芽枝，作为第一层，再向上50cm保留3芽作为第二层，主干再向上50~60cm保留3芽作为第三层，待侧枝芽长至10cm时，打头，每枝保留3~4个叶片，以后会留出3~4个结果枝。这种方法一般用于设施大棚，是早期丰产的造型模式，其中还结合了药物控旺技术的应用。常规情况下是第二年投产，但在3~5年时修剪工作量一般较大，因其栽种密度也较大，一般3年后逐渐进行疏伐或重剪，方可提升产量及质量。

修剪与促进生长平衡的控旺技术是种植管理中必不可少的环节。而调控的技术应用要根据植株的长势及时间来定，尤其是药物的选择与用药的剂量方面，要认真对待，以免造成过度控旺（可能会造成植株生长抑制或者树势太衰而死亡）或调控过轻（树势过旺，造成落果及无果，降低产量）。

根据本人从业的二十多年经验，推出以下配方，供大家参考：

（1）对于长势过旺的植株，选择时间为3月初，一般开花前7天左右，用PBO控旺剂200~300倍液或用海拓90（缩节胺）控制树枝徒旺生长，进行整树喷雾，以免造成落果严重或结果减少。

（2）3月上旬调环酸钙1500倍液进行喷雾，如在下旬或4~5月进行喷施，应加大剂量，根据植株长势采用800~1000倍液喷施。

（3）磷酸二氢钾加硼，以及唑类杀菌剂均有控旺的功效。

（4）对于多效唑的控旺，要小心对待，在果实采收后以及早春相对安全，但多效唑的药害案例最为突出，要在专业人士观察后小心用药，如发现过量药害，可用赤霉素加芸苔素，或叶面铁锌硼等叶面肥一起喷施救治。

成年树的开心形修剪造型技术：以主干（三大主枝）为中心，进行副主枝的培育，一般呈交叉形，间距为50~60cm为度，地面至分叉高度约60cm，以保证植株的树形自然扩展，通风、透光，易于管理，达到丰产优质的目的。

冬剪：应剪除多余的徒长枝，留足结果枝。对于3~5年的新树应轻剪缓放，不要采用重剪与锯大枝。一般来说，如果夏秋季修剪管理得当，并且结合早春的控旺技术应用，不会出现多余枝条重剪等现象。同时，结合3月的抹芽及5~6月修剪，剪除徒长及重叠多余的枝条，应用扭梢及打头等手段，保留翌年结果的枝果，保证质量。对于10年左右的老树，在冬剪时根据长势及树形，适量重剪回缩，在重剪主枝或副主枝处，涂抹溃腐灵药液或伤愈合剂。一般更新用2年完成，更新后的树势只要肥水充足，又可恢复至丰产状态。所以对于不同季节，修剪一定要按季按时进行，以达到丰产丰收的目的。

（七）病害防治

危害蟠桃的主要病害有疮痂病、细菌霉斑穿孔病、褐斑穿孔病、炭疽病、褐腐病、流胶病、枝枯病（缢缩性溃疡病）、缩叶病、木腐病、缩果病等。

1. 疮痂病

南方地区常5~6月为发病盛期，如遇早春气温及湿度相对较高，一般可提前10~15天发病。在春季和初夏，以及果实近成熟期，多雨潮湿，易诱发此病。主要危害果实，也危害枝梢。果实发病初期：果面出现暗绿色圆形细斑点，后斑点逐渐蔓延扩大。果实成熟期：病斑呈暗紫或黑色，略有凹陷，后表现为略凸起的黑色痣状斑点为主。严重时，病斑密集，随果实的膨大而出现果品四周开裂。

新梢受到侵害后，会呈现长圆形、浅褐色的细病斑，之后变为暗褐色，并进一步扩大，病部隆起，常发生流胶现象，严重时叶片脱落，新梢枯萎。

防治措施：

（1）冬季彻底剪除病枝，并将病枝集中烧毁处理，减少病源。保持合理栽植密度，树形适宜，防止树冠交叉，改善通风透光条件，降低果园湿度，减少植株发病率。

（2）萌芽前，喷3~5波美度石硫合剂，落花后半个月至7月，间隔10~15天，选择以下药剂交替使用防治：甲基托布津、中生菌素、代森锰锌、双炔酰菌胺、百菌清、春雷溴菌腈等药物。对于多雨气候，要缩短防治时间，以7~10天为标准。

2. 细菌性穿孔病

病害一般在4月中下旬开始发生，5月下旬与6月梅雨期蔓延最快。雨水频繁或多雾的季节，枝叶过密，湿度越大，病害越重，传染率较高。主要危害叶片，也危害果实和枝条。初期叶片上出现半透明水渍状小斑，逐渐扩展成紫褐色至黑褐色病斑，周围呈水渍状黄绿色斑点，湿度越大，病斑蔓延越快。病害严重时，在病斑背面会溢出白色菌液，随后病斑干枯脱落形成穿孔状。果面出现暗紫色圆形中央微凹陷病斑。果园湿度大时，病斑上有黄白色黏液出现。干燥时，病斑呈裂纹状。

防治措施：

（1）提高抗病能力。注意开沟排水，降低地下水位。增施有机肥和磷钾肥，避免偏施氮肥，多用生物菌肥与腐殖酸。夏季注重修剪控旺，改善通风透光条件，促使树体生长健壮，提高抗病能力。

（2）发芽前喷5波美度石硫合剂或波尔多液铲除越冬菌源。展叶后至发病前是防治的关键时期。发芽前后也可以用春雷喹啉酮封园。

3. 褐斑穿孔病

低温多雨湿度较大，有利于病害的诱发与扩展。主要危害叶片，也可危害新梢和幼果。叶片感染病初期初生圆形小病斑，边缘紫色，带环纹状，随着湿度增大，病斑扩大蔓延。后期长出灰褐色霉状物，形成叶片多处穿孔，最后造成叶片脱落。

防治措施：注意果园排水，增施有机肥、菌肥，合理修剪控旺，增强植株通风透光，药物预防病害发生。

4. 霉斑穿孔病

从4月中旬开始发生病斑，随后逐渐扩大。梅雨季是病害出现的高峰期。土壤缺少营养元素，易诱发病害。主要危害叶片、花果和枝干等。病斑初期为圆斑，呈紫色或紫红色，后变褐色，斑穿孔扩大，叶片逐渐脱落。病叶脱落后，会在叶片上残存明显烂斑孔。病枝伴有裂纹和流胶，较老的枝上会形成瘤状物体。

防治措施：加强管理，增强树势，改良土壤，及时排水，夏秋修剪控旺，及时清除病枝，平时多用生物菌剂与矿源黄腐酸钾浇根，以聚谷氨酸水溶液浇根，效果良好。

以上3种穿孔病的药物防治可选用组合：①噻唑锌+四霉素；②春雷喹啉酮+中生菌素；③双氧水（过氧化氢）500倍液+四霉素（辅助药物：苯醚甲环唑、吡唑醚菌酯、辛菌胺）。注意雨季排水及果园的通风透光，该病在浙江地区根据气候在4月底至5~6月初均可发生，建议在4月初用药防治。

5. 炭疽病

我国南方在4月下旬至6月中旬梅雨季，病害多有发生，而以梅雨季尤为严重。可危害桃树的果实、叶片和新梢。炭疽病比较常见，明显的轮纹病斑、略微凹陷状、潮湿时有红色的小斑点等都可以辨认。桃树开花及幼果期低温多雨，湿度较大，果实成熟期多湿、多雾、气候闷湿，均会造成该病的发生。

防治措施：可选择药剂防治。选用组合：①咪鲜胺锰盐+甲基托布津；②醚菌酯+抑霉唑、辛菌胺+健达。

6. 褐腐病

花期低温、潮湿多雨易引起花腐，主要是经受前年菌丝的感病害逐渐染。果实成熟期，高温多雨气候，易引起果腐，从细微表面伤口开始，病害逐渐加重，主要危害果实。初期在果面产生褐色圆形小病斑，病情发展很快，仅需数日便可扩至全果，果肉变褐软腐，在病部表面生出绒状霉丛菌丝，病果腐烂后易脱落，部分失水干枯的可僵化挂在枝上引起隔年传播。桃果成熟期，在高温高湿条件下易诱发该病，所以采用避雨及套袋措施会减少病害的发生。

防治措施：

（1）结合冬季修剪清除僵果、病枝等越冬菌源，集中烧毁，同时深翻园地，及时防治桃蛀螟、象甲、食心虫、红蜘蛛等害虫。5月上中旬套袋保护果实，纸袋质量一定要选用防水型厚蜡纸。

（2）花前花后喷施苯菌灵+春雷霉素，或于发芽前喷4波美度石硫合剂或晶体石硫合剂，落花后10天左右喷甲基硫菌灵+四霉素+辛菌胺。用药组合：四霉素+腈苯唑，或硅唑咪鲜胺+抑霉蜜菌酯+三十烷醇，交替使用，另加等离子钙、铁锌及二元磷钾叶面肥。

7. 桃流胶病

可分为非侵染性流胶病和侵染性流胶病两类。

非侵染性流胶病：冻害、日灼伤、高水位等环境胁迫，造成根部霉烂，部分虫害如天牛等造成的树体损伤，缺乏钙、硼等均可诱发此类流胶病。此外，除草剂误伤也可诱发病害。

侵染性流胶病：葡萄座腔菌是侵染性流胶病最主要的病原菌，这类流胶通常在伤口流出黑色奶状的胶体，此病主要由病菌侵害引发，传染性快。

防治措施：由于桃树流胶病难以根治，必须预防为主，防治结合。

（1）起垄栽培，稳固树势，均衡营养施肥，生长期根施生物菌剂、减少树体损伤等，已流胶处可涂刷高浓度杀菌剂，如戊唑醇、多菌灵、甲基硫菌灵、石硫合剂、波尔多液等。

（2）根施芽柑菌+木霉菌+安琪酵母菌等菌液，确保根系发达及植株健康，使土壤通透，减少树体损伤。

（3）做好排水工作，降低地下水位，先用日本微生物菌剂伯日升500g兑水5kg，然后再用1∶1000倍液浇根，严重时7天喷一次，连用2次。治疗性药剂组合：中生菌素+辛菌胺+四霉素，双氧水+辛菌胺+四霉素。7天喷一次，连用2次。

8. 桃枝枯病

桃枝枯病又称桃枝腐烂病、缢缩性溃疡病。主要危害主干和枝条，造成树皮腐烂，致使枝枯、叶枯、果萎、树死。发病时间以每年4~6月最盛。初期病部皮层细微隆起，略带紫红色红点，并有流胶流出，最后皮层变褐枯死，有酒糟气味，表面会产生黑色凸起小粒点，当病斑扩展主干一周时，病树就会很快死亡，危害性强，蔓延速度快。

防治措施：对病树、枯枝、虫枝及时清除销毁。增施有机肥，及时防治造成早期落叶的病虫害。生长期发现病斑可剪去病部，喷施组合药剂：双氧水500倍+四霉素1000倍，用双氧水500倍涂患处，7天一次，连用2次，治疗效果特别好，而且安全性好。

9. 桃缩叶病

一般在4月上旬展叶后开始发病，5月为发病盛期。冷凉潮湿的阴雨天气，会促使该病的诱发。主要危害叶片，病叶皱缩似波纹状，随病情加重，部分卷缩的叶肉会转为红褐色。在早春低温多雨的地区或年份，该病发生率高，除花芽露红期的清园外，谢花后的用药也关键。

防治措施：采用药剂防治。药物组合：苯醚甲环唑+蜜菌胺+春雷霉素+咪鲜胺+四霉素+甲基硫菌灵，叶面肥首选康朴凯普克，根部可结合谷乐丰（聚谷氨酸）加矿源黄腐酸钾兑水浇根，增强树势，结合病害预防尤为重要。

10. 木腐病

发病期在春秋季，症状表现为叶片缺色、焦边、枯萎直至新梢枯死，主要是植株根部木质腐烂所致。主要危害桃树的枝干，病菌从伤口侵入，破坏木质部纤维组织，影响植株营养传输，树枝韧性降低易断。老树、病虫弱树、伤口多且衰败的桃园发病较为严重。多因地下水位高，土壤板结，致使根系发育不全，从而引发烂根。

防治措施：生产上结合秋冬翻耕松土，根施有机肥、菌肥、黄腐酸钾等，并精心重剪，注重病虫害防治，做好排水以降低地下水位。对发生病害的树体重新修剪，培养新枝，刮干、涂抹腐霉利+戊唑醇保护，并注意树体的养护及树势的稳固，多用生物菌剂加菌肥、矿源黄腐酸钾，秋冬每棵用德国庄伯伯400g根施，确保老树重展新颜。

11. 裂果病

幼果至成熟期症状会出现果梗方向纵裂或果顶不规则开裂，严重影响果实商品性。其主要原因有早期性生理性裂果，并引发流胶病，或因缺乏钙、镁元素的营养与吸收所引起。其次由疮痂病引发及缺硼引起的裂果。

防治措施：

（1）好多品种均有裂果的特性，针对南方多湿高温的气候条件，往往在南方裂果，而在北方不会开裂，好多油桃、油蟠桃，包括玉露蟠桃均有裂果的表现。对于这些品种，有条件的应避雨栽培，其次结合套袋，降低地下水位，畦间雨季临时覆膜，重用钙肥或钙剂镁肥，增加叶面肥亚磷钾钙的使用，减少裂果。

（2）减少氮肥的应用量，施足磷肥，可减少因营养缺乏所致的裂果，做好病虫害防治也十分关键。

12. 缩果病

这是因缺硼引起的一种生理性病害。幼果在长到蚕豆大时就会表现出来，由暗绿色逐渐变为深绿色，并逐渐呈木栓化斑块而出现幼果开裂，长成畸形果。而叶片变厚呈畸形，新梢从上向下枯死，枯死部位下方会长出侧枝，呈现丛枝状。

防治措施：主要是对病株进行补硼来缓解。开花前3~5天喷施铁锌硼，盛花期加喷一次，效果十分理想。

13.生理性落果

蟠桃树3年后进入盛产期，正常的长势相对比其他品种强旺。对培养结果枝而言，以中短结果枝为最佳，超过50cm的长结果枝在修剪时如不轻剪缓放，幼果期生理落果较为严重，一般生理落果期自5月10~30日，如结果后发现果树旺长严重，采用药物防治控旺十分重要。根据本人的工作实践，总结以下方法：4月5~10日叶面喷施海拓90号控梢保果剂（600倍液），5月上旬再喷施一次。可结合病虫害防治。套袋前一般5月20日后在病虫害防治药剂中加入复硝酚钠（14%国光），对桃果的正常生长及落果防治效果理想。

其他根部病害主要包括根腐病、白绢病、紫纹羽病、白纹羽病、线虫病等。鉴于桃树根系长期深埋地下，所以需要根据地上部分生长状况及土壤情况等加以判断，发现黄叶、落叶等异常情况时，应及时细心挖土进行观察，在确认后，应立即采取相应措施，刮除、切断病部，随后配合如甲霜恶霉灵、络氨铜、氯溴异氰尿酸、福美双喷施等药剂涂抹灌根，线虫用阿维菌素、噻唑膦、35%威百亩、厚孢轮枝菌等。处理完病部后，不要忘记养根壮根，可通过淋施谷乐丰生物菌剂+矿源黄腐酸钾等修复受损根系，改善土壤环境。

（八）虫害防治

1.桃蛀螟

主要以幼虫蛀食危害。蛀孔处会有黄褐色透明黏胶（透明黏液流胶），周围堆积大量红褐色虫粪，虫子深入果实中心部位，造成果实腐烂，无商品性。

防治措施：第一、二代成虫产卵高峰期和幼虫卵化期是防治的关键时期。防治时间需从4月下旬至7月上旬，此期间可发生多代。可选用药剂有氯氰菊酯、阿维菌素以及灭氰戊菊酯、灭幼脲、杀螟松、甲维虫螨脲等，交替使用。

2.桃小食心虫

以幼虫蛀果危害。危害与桃蛀螟有类同之处。蛀果口常有流胶点，幼虫在果肉里危害，致使幼果长成凹凸不平的畸形果，5月中下旬开始预防为佳。

防治措施：成虫产卵期用药有灭幼脲、氟苯脲、氯虫苯甲酰胺等，以甲维盐为主。在卵孵化盛期可选用高效氯氟氰菊酯、阿维菌素、甲氨基阿维菌素苯甲酸盐等交替防治。

3. 桃蚜

主要危害桃树叶片，吸食汁液，会使叶片扭卷成螺旋状，引起落叶，新梢不能再生长，影响幼果生长，削弱整树长势。

防治措施：早春桃芽萌发，越冬卵孵化盛期至低龄幼虫发生期是防治的重点时期。3月上旬开始预防，一般需防治三次：第一次开花前在花微露红时即要防治，时间一般在3月5~10日；第二次在果实呈黄豆大小时即要防治；第三次相隔10天至半个月。可选用的药剂有啶虫脒、高效氟氯氰菊酯、抗蚜威、吡虫啉、阿维菌素等，交替使用。

4. 桃球坚蚧壳虫

在枝条树干上吸取汁液。虫害暴发时，可见树干枝条上蚧壳虫密集，虫害明显，使树体长势衰弱，产量受到严重影响，危害严重时造成枝干枯死或植株营养不良，生长受阻。

防治措施：在成虫产卵前，于3月中下旬使用吡丙醚加植物油或噻嗪酮涂抹枝条上的蚧壳。从3月下旬至6月中旬进行防治，选用噻嗪酮、蚧霸、蚍虫啉、高效氯氟菊酯交替使用，一般每次用2种药作为一组搭配使用。首选噻嗪酮防治。

5. 桃红颈天牛

以幼虫在树干老树皮层或蛀道中越冬，在皮层下和木质部钻不规则道洞，并向蛀孔外排出大量黄褐色粪便木屑，堆满孔外和树干基部地面，造成树势衰弱，甚至导致植株死亡。

防治措施：

（1）人工防治需及时清除有危害的死枝、死树，并集中烧毁。4~7月虫害发生期组织人员捕杀。经常检查枝干，发现排泄粪便时寻找虫孔，用铁丝钩刺幼虫，或将药剂注入虫孔道，随后用泥土堵孔。

（2）10月下旬开始涂白防虫。成虫产卵前，在主干和主枝上刷石灰硫黄混合剂并加入适量的触杀性杀虫剂，硫黄、生石灰和水的比例为1：10：40。防治时间也可以为4~7月。

（3）在成虫产卵期至幼虫孵化期，选药剂硫双威、氯氟氰菊酯、虫酰肼、氟苯脲、绿色威雷、敌敌畏、乐斯本等交替使用。主要防治时间为4月中旬，选用敌敌畏加杀虫双在主干四周喷施一次，但要防止碰到叶片。5月上旬用绿色威雷对全株进行喷雾，7月底或8月初采收后，再用绿色威雷防治一次。

6. 桃潜叶蛾

主要是在叶组织内食取叶肉汁，造成叶面呈明显弯曲的隧道状，并将粪粒充塞其中，严重时造成早期落叶。

防治措施：蛹期和成虫羽化期是药剂防治的关键时期。从3月中旬开始至9月下旬，防治时间较长，可用频振式杀虫灯诱杀害虫或用蛾类防虫黄板进行诱杀，效果比较理想。可选药剂有25%灭幼脲、20%杀铃脲、甲氨基阿维菌素苯甲酸盐、氯氰菊酯、氟啶脲等药物交替使用，采收20天前停止用药，注意农药残留及果品的安全。

7. 茶翅蝽（臭蝽）

主要是啃食叶片和果肉，果实被危害后，变成凹凸不平的畸形果，近成熟的果实被害后，受害处果肉变空，造成大量减产。在南方一年可发生5~6代。防治时间从3月下旬至9月下旬，是防治时间较长的虫害。

防治措施：结合其他管理措施，随时摘除卵块及捕杀初孵若虫。3月下旬开始防治，在第一代若虫发生期，结合其他害虫的防治，选用敌杀死、吡虫啉、甲维盐、灭多威等喷雾，也可用高效氯氟氰菊酯、速灭杀丁、阿维菌素、啶虫脒、噻虫嗪等交替使用。也可以用防虫粘板诱粘幼虫。

8. 桃叶螨（白蜘蛛与红蜘蛛）

幼螨、若螨、成螨群集在寄主叶背面或正面取食。受害叶片初期叶脉两侧出现许多幼小失绿斑点，随危害程度加深，叶片失绿严重，呈现灰色状并且变脆变硬，引起落叶，严重影响植株长势，造成生长不良，导致果实减产。一般在南方，其危害及防治从5月上旬开始，下旬会成为成虫高发期，应按时预防。

防治措施：选用阿维菌素、乙螨唑、虿螨脲、哒螨灵、杀螨特、四螨嗪、43%联苯肼酯等交替使用。

9. 蜗牛

自4月上旬开始，南方如遇连续雨天，气温升高，平原果园湿度较大，蜗牛危害严重，啃食果实，桃类以对油桃危害最为严重，应及时进行防治。一般4月中旬防治一次，6月中旬梅雨季尤为关键，山区缓坡及山地发生概率较小。

防治措施：使用四聚乙醛颗粒，傍晚在树盘下撒施，亩用量一般为0.75kg，效果特佳。如梅雨季节，蜗牛暴发，可再撒施一次，效果明显。

（九）桃树药害处理及肥料、农药使用注意事项

1. 桃树药害处理

（1）近年来，除草剂危害的案例屡见不鲜，尤其在科技发达的当下，汽油喷雾机、电瓶喷雾机、无人机喷农药已相当普及。在进行大面积的粮食除草、蔬菜除草时，常常忽略了数百米以外的果园，致使果园遭受除草剂的药害。特别厉害的药物，如用于水稻直播田除杂草的苄丙、丙草胺、丁草胺、氟砜草胺，以及除杂草的草甘膦、草胺膦，均会对果园造成毁灭性危害。在日常管理中，除了做好预先通知防护工作外，当果园受到药害时，应当以最快速度采用叶面喷液对整个果园进行救治。

（2）由于我们在日常农药使用中的粗心疏忽，导致叶面药害的产生，进而影响植株生长以及产量和质量。常见的症状表现为叶片卷曲、嫩叶枯黄、叶斑、黄化等，一旦出现这些情况，必须立刻进行救治。

以上两种情况，根据本人多年来的经验，开出以下配方，也是效果比较理想的组方：①德产康朴凯普克+芸苔素，如没有芸苔素也可以，第一次施用后，3天后再喷一次。②巴斯夫望秋+芸苔素，效果也很好。一般叶面恢复比较快，时间也较短（康朴凯普克价格相对便宜）。

2. 肥料及农药使用注意事项

肥料施用与常规农药配方小常识：

（1）肥料使用注意事项

草木灰（碱性）不能与硫酸铵、碳酸草胺、过磷酸钙混用（降效）。

碳胺不能与菌肥混用（有毒害）。

磷肥类不能与锌元素肥混用（降效）。

尿肥、钾肥、集化肥类不能与菌肥混用（杀死菌肥）。

慢溶性磷钾肥不能与碱性化肥混用（难降解，不吸收）。

（2）农药使用注意事项

碱性农药（如五氯酚钠、波尔多液、石硫合剂、松脂类）一般单独使用。

含砷的农药不能与含钾、钠的农药叶面肥一同使用。

井冈霉素、杀虫双、纯铜制剂忌在桃、李上使用（如氢氧化铜、硫酸铜）。

微生物菌剂最好单独使用。

代森猛锌、代森锌、噻唑锌、丙森锌不要复配。

多菌灵、甲基托布津不能复配。

有机磷类粉剂忌与其他粉剂类农药复配。

吡唑醚菌酯不能与乳油复配。

忌用井水，因其钙、镁、铁等含量高，对部分农药存在化学反应。

禁止使用国家规定的禁用农药。

建议朋友们在用药、用肥时若有疑难问题，应及时咨询专家。

（十）果园除草

（1）果园行距开阔的，可选用小型自走式除草机器割草，具有危害性低、工作效率快速等优点，但对高密度栽种的果园不具备除草的操作环境。

（2）背负式割草机适用于高度在20cm及以上杂草，并且果园需要具备操作道路。通常情况下，人工每天操作大约能完成8亩，操作过程较为辛苦。

（3）药物除草时，多数除草剂对果树危害较大，尤其是草甘膦、苄丙、丙草胺、丁草胺等70多种药物。现在常规使用中，首选精草胺膦，防治效果颇为理想。但如果使用不当，也会给作物造成危害。最理想的方法（根据本人多年经验，供大家参考）：在幼草期、杂草初长期，使用10%含量精草胺膦100g兑水15～20kg，再加入金都尔封闭除草剂25～30g进行喷施，防草时间可延长至50～60天，效果十分理想。

（十一）蟠桃叶片病状与缺素判别

（1）黄叶类：由土壤水分过多或肥害引发，造成土壤严重缺氧，导致新枝顶端叶片呈淡黄色，老叶呈暗黄。也包括地下水位高而导致烂根及根部生长不良引发暗黄。

（2）由于干旱引起的肥水缺失，会造成植株叶片泛白变黄，直至脱落。

（3）由于缺光引发黄叶，由光照不足造成细胞分化不均，茎叶细弱，由泛白至叶片黄化。

（4）由于缺氮、铁、锌、镁、钙等均会诱发叶片失色变黄，如发现心叶偏黄、叶片白化，均为铁元素缺乏引起。叶片细小均为缺锌引起。缺磷会导致叶片泛红。缺钾会导致叶片卷曲、枯状，出现黄斑。缺钼会导致植株矮小，生长受阻，叶片缺色。

（5）病虫害引发黄叶，如蚧壳虫、蚜虫、刺蛾吸食叶片汁液均会导致叶片缺绿泛黄。另外，桃根腐、枯萎、黄萎、炭疽、叶斑病均会发生叶片泛黄及脱落。

（6）药害引起的黄叶，施药浓度过高、高温下施药、除草剂误喷均可诱发黄叶。

（7）肥害造成黄叶，如氨氮类、亚硝酸及氮、磷、钾浓度过高，均会造成根系萎缩、叶片泛黄。

（8）土壤过度酸化，铁、铝、锰溶解过度，也会导致黄叶及病害。

（9）坐果过度，植株负担过重，营养输送不足，也可造成黄叶及叶片变易。

首先，3月下旬开始至9月，根据桃的不同生长期，在病虫害防治期间，添加营养元素，即早期的硼、锌，中期至晚期的钙、钾，还要根据土壤特点以及植株的长势，进行铁、镁、锰元素叶面补充，以实现植株的正常生长。

其次，在秋冬季的有机肥、生物菌剂肥、矿源黄腐、草木灰、泥炭土等肥料中均含有大量的元素肥可供补充。通常情况下，只要用肥精准，一般不会出现严重的营养缺素症状。关键仍需在平时的栽培管理上下功夫，进行合理的修剪控制产量，并结合病虫害防治，这样均可促进植株的平衡生长，达到植株丰产、健壮的目的。

（十二）避雨栽培

玉露蟠桃是一个传统品种，在宁波奉化已有70年的栽培历史了，由于其肉质细腻、鲜甜可口、香气浓溢而深受人们喜爱，其品质可以称作"桃中皇后"，然而其发展规模非常缓慢，主要原因在于其对气候条件要求十分苛刻，最大的瓶颈是怕雨水。蟠桃呈扁圆形，中间有肚脐凹入，遇雨雾脐部湿润挂水，容易导致桃果开裂、滋生病菌，所以露地必须用防湿油光纸对幼果进行套果，而且下端有漏水口。但即便如此，在6~7月上旬多雨气候条件下，蟠桃容易诱发褐腐、果腐、流胶等病害，对产量及质量影响巨大，所以在江浙地区规模化种植的面积少之又少。相比之下，奉化'玉露''湖景蜜露'等水蜜桃，种植难度要小很多，产量也相对稳定，所以设施栽培成为一个保障丰产丰收的希望。经过5年来的对比试验，在梅雨来临前，6月15日前覆盖避雨大棚至7月30日，将近45天时间内，正常生长期为30天，避雨大棚比露地成熟（开摘）滞后3~4天，果品产量提升20%左右（针对梅雨季雨量较多的气候），糖度提升3~5度，褐腐病、流胶病、穿孔病害大幅度降低，果实光鲜度也相对高出许多，但对于干旱气候，作用不十分明显。在江浙地区每年6~7月以多雨天气为主，结合5年来的避雨栽培，无论产量、质量与经济效益都十分明显。所以，从长远出发，应用避雨设施大棚具有重要的实际意义，值得推广。

标准连栋大棚种植，在冬季冬剪后，11月覆膜保温，一般于2月中下旬开花。配备喷滴灌设施，以保证肥水的按时供给，而且可省略套袋流程，并减少病害的发生，果实提前20~30天成熟，质量相对稳定。在采收后去膜，按常规露地方式进行管理。避雨大棚与连栋大棚高度各不相同，避雨大棚一般为5m×3.5m，即宽度5m、高度3.5m，覆膜宽度一般以4m为宜，便于植株通风、透光，并防止高温天气日灼病的损失。连栋大棚一般为5m×4.5m，即宽度5m、高度4.5m，并配备摇膜设施装置。根据天气情况，合理覆膜，遇特高温且湿度过大时，可用摇膜设施开窗通风，使增产效果更加理想，一般薄膜2年一换，以确保透光性，减少对果品的影响。

（十三）肥水管理

1.幼树期肥水管理

栽种第1年的果苗，除栽种时以根施有机肥、生物菌肥为主。在3月中旬萌芽后，每15天施用氮磷钾复合肥0.5kg，加聚谷氨酸100g，兑水60kg，浇根每棵5kg，连续灌溉3~5次，并配备铁锌硼钙叶面肥，15天喷施叶面一次，以补充营养。7月后，用菜饼、过磷酸钙、水按10∶1∶20的比例在密封容器中发酵，一般为15天，之后用饼汁10kg兑水60kg，加地虫清50g对幼树进行浇根，促进幼树生长发育。一般应用3~5次即可。

冬季落叶后，结合植株进行土壤翻耕，株施发酵饼肥1.5kg、生物有机肥10kg（一年当中还需结合排水、病虫害防治，才能提升幼树长势）。

2.成年桃园肥水管理

成年果园桃林一般自3月萌芽期起，根据长势，常规采用谷乐丰（生物菌剂）

配矿源黄腐酸钾兑水按10∶3∶3000的比例进行浇根，促进花芽的营养集聚与病害的防治。

对于长势较弱的老果园，可适当加入氮磷钾复合肥25kg兑以上配方进行浇根，有喷滴灌设备的可采用水肥一体化设备进行喷滴灌，可每月进行一次根施。

待桃进入膨大期，一般在成熟前30天，间隔15天根施营养肥，一般采用氮磷钾复合肥或硫酸钾镁肥，比例一般控制在氮5%~12%、磷5%~8%、钾30%~45%、镁2%，并含有其他硼、钾、铁、钙、锌等元素为宜，杜绝氮肥过多，以免造成果实淡而乏味、甜香度欠佳等缺陷。期间，可加谷乐丰菌剂或聚谷氨酸，选用其中一种即可，并结合叶面元素肥的应用，促使果实正常生长，延长生长周期。如遇干旱气候，一般每3天用喷滴灌喷肥水一次，确保果实营养供给。如遇连续高温天气，每天晚上喷水一次，保证植株的水分要求，并可防止日灼的发生。

冬季落叶前后，一般在农历11月，成年丰产林，株施生物有机肥25kg、饼肥2.5kg、庄伯伯钙肥250g，然后进行表面翻耕松土，上面撒地虫清杀虫剂15g/株，并注意排水与喷施肥水，促进土壤通透肥沃，为翌年的植株健康生长及丰产丰收奠定基础。

（十四）保鲜技术

桃果采收应依据销售渠道的好坏与果实的成熟度进行分批采收。玉露蟠桃作为软果形品种，当成熟度达八成时，果实硬度适中，香甜可口，且易于保鲜保存多日，而当其成熟度为九成时，果实放置半天会逐渐变软，可剥除果皮，果肉软糯，香甜适口，但不利于贮藏和保存，所以，需要保鲜储运的果实成熟度应掌握在七成半至八成为宜。

因玉露蟠桃成熟期在7月15日前后，此时气温很高，不利于常温下保鲜。采收应选择在4:00~9:00进行，要轻收轻放，防止果实受到外伤。因为在高温下采收的果实易于熟化，不耐冷藏保鲜。采收的果实，应先拆袋进行分拣，选择硬度适中、品相好、无破损的果实，在单层塑料筐中平放，温度控制在20℃，预冷4~5小时，然后再套入纸袋，放入筐中，再放入冷库，温度控制在5~8℃，预冷12小时，如要保鲜库存1周以上，12小时后将冷库温度调至1~5℃进行保鲜冷藏。在此过程中，预冷与二次温度调节有利于果实不脱水，并逐渐适应冷度，不会冻伤外皮，造成损失。所以，果农朋友们一定要牢记：一是多层挤压果实造成外伤后易冻伤；二是不要直接将果实放入冷库保鲜，预冷时间不足，外冷内热会导致果实外皮冻伤，果肉马上软化变色。因此，保鲜一定要按科学的方法进行操作。

本文实用技术也可以用于水蜜桃、油桃等其他桃品种的规范栽培管理当中，为广大农友与爱好者提供技术参考。由于本人水平有限，在新技术的应用及良种的繁育方面可能存在技术缺陷，书中专业词语表达不够完善，望大家指正并提出宝贵意见，以便日后在技术方面加以改进与完善。

感恩每一位支持农业与林业发展的朋友！

专家点评

陈钧魁同志为人谦和、好学善学，对待所从事的蟠桃等林果事业兢兢业业、不懈追求，依靠科技走上致富的幸福路，取得骄人成绩，塑造了新时代中国特色职业乡土专家的新形象，是当代余姚技术型农民的杰出代表。

该同志通过对蟠桃种植及生产技术管理20余年的科研与创业实践，实现了露地玉露蟠桃亩产值达5万元、产量1500kg以上的产量与效益。其中，通过示范与引领，将玉露蟠桃面积推广至7000余亩，为余姚及省内的众多果农创造了良好的就业机会，为该产业的发展立下了很大的功劳，也为广大农户带来了丰厚的经济效益，特别是该同志无偿的技术培训与上门服务，在余姚可谓有口皆碑。其撰写完成的《玉露蟠桃育苗建园与栽培管理技术》，系统总结并介绍了蟠桃生产管理中的一系列关键核心技术，从一名从业者的科学视角提出了新方法、新措施，其文字深入浅出、内容通俗易懂，融合科学性、先进性、实用性于一体，是一本难得的学习好读本，可供蟠桃生产者及科研、推广等相关工作者参考借鉴。

点评专家：汪国云

姚春梅

　　姚春梅，女，1986年2月出生，浙江省宁波市鄞州区人，中共党员，硕士研究生，林业工程师。现从事农产品种植、销售与推广工作。是宁波市现代农业领军人才、泛鄞州创业创新人才。2017年担任共青团宁波市委员会常委、海曙区政协委员、鄞州区妇联兼职副主席；2022年任宁波市第十六届人大代表、宁波市林业乡土专家联盟秘书长。曾荣获"全国创新创业优秀带头人""全国巾帼新农人""浙江省科技致富带头人""浙江省农村创业创新大赛创新奖""浙江省妇女创业创新大赛三等奖""浙江省林业产业先进个人""浙江省农村科技致富女能手""浙江省百名最美巾帼新农人""浙江省青春助力乡村振兴带头人""青牛奖""宁波市三八红旗手""宁波市劳动模范"等荣誉。2016年被宁波市林业局聘为宁波市林业乡土专家；2018年被中国林学会聘为中国林业乡土专家；2019年获聘国家林业和草原局首批百名全国林草乡土专家，同时被浙江省林业局聘为浙江省林业乡土专家。

人生没有等出来的幸福，只有闯出来的辉煌

—— 跨界大学生的田园梦

姚春梅

一、创业历程

（一）回乡途中的一次偶遇，萌生了一个"当农民"的决定

2009年大学毕业前夕，在一次回乡途中，我看到一个年近70岁的老人正吃力地背负着一大袋农产品往城里赶，就停下脚步与老人闲聊了几句，得知老农所背农产品系自家生产，想到城里能卖个好价钱、多挣几块以补贴家用。这件事在农村虽属常见，但却对我触动很大。在传统村落里，农民们面朝黄土背朝天，他们日出而作、日落而息，虽辛苦一辈子，日子却过得依然窘迫。问题出在哪里呢？作为新一代的大学生，我又能为家乡的发展做点什么呢？那个乡间的晚上，怀揣梦想的我躺在床上辗转难眠。我萌生了一个连自己都感到吃惊的决定——回乡，做一个农创客，当一名新时代的新型农民！我要用自己的青春和智慧带领父老乡亲们走一条不一样的"农路"，要为家乡的发展闯出一片新天地！

（二）不顾父母的极力反对，坚定"田园梦"

我的父母是地地道道的农民，在田野间辛勤劳作了大半辈子。他们在农业经营技术方面，在当时也算小有名气。他们经营的雷竹、毛竹林，通过竹笋早出覆盖技术，每亩能够获得4万~5万元的收入。然而当我提出回乡务农的想法时，却遭到了父母的强烈反对。他们自己做了一辈子农民，期望子女能够跳出农门，好不容易将我培养至大学毕业，明明有很多行业可供选择，为何还要重走他们的老路？我看到当下农业行业老龄化现象十分严重，而政府对大学生农

业创业给予了大力支持。年轻人从事农业潜力大，现代农业正需要有知识、懂技术、会营销的新型农民来经营。经过一段时间的沟通与说服，尽管父母心有不甘，但拗不过我，最终也只能尊重我的选择。

（三）农业"小白"，初创困难接踵而至

2009年7月，刚跨出大学校门的我就踌躇满志地创办了自己名下的第一个企业——鄞州国良果蔬专业合作社（现为海曙国良果蔬专业合作社），并通过小额贷款，向银行贷了10万元。在鄞州区洞桥镇百梁桥村承租了一块100多亩的荒山。经过多方讨教，并在父母的帮助下，全家总动员再加上十多个农民工的不懈努力，最终在当年10月把山上的杂草灌木全部清理干净，将整座山通过机械深翻了一遍，同时挖出了沟渠、运输便道和作业道，整出了阶梯形种植带。

第二年春季，樱桃树苗也栽上了。树苗一天天长大，有些开始少量开花。一切似乎都在朝着我想要的方向发展。然而，2012年一场突如其来的"海葵"台风差点摧毁了我的创业梦想。那场台风把我所种的果树几乎全部连根拔起，原本已初具规模的果园被摧残得满目疮痍、一片狼藉，面对灾情，父亲脸色铁青，一边借酒浇愁，一边质问女儿为什么要选择抗灾能力这么弱的农业。母亲掩面哭泣，老泪纵横。我将自己一个人锁进了房间，思索着是不是农业这条路真的走错了。

第二天一早，风雨停歇。经过一个晚上的调整，自己那个风雨飘摇的创业梦想似乎又风和日丽了。我再次"厚着脸皮"去劝说父母，一家人在一种默契的亲情纽带维系下，第一时间组织工人进行抢险救灾，把被吹倒的樱桃树复位，用挖掘机开路，重新打造沟渠。这次风雨，让我下定决心要更加努力、更加坚毅做一名创业者。

（四）赴大学继续深造，获农林专业知识

我大学里所学的专业是物流专业，从事农业属于跨界之举，自身在农业技术方面可谓是一片空白，而父母所掌握的农业技术也只是传统农业方法。现代农业需要有知识、懂技术、会营销的新型农民来经营。意识到这一点后，我决定学习专业知识，于是在2009年赴浙江大学农业技术推广专业学习，并于2012年毕业；2012年又前往浙江农林大学设施农业领域继续深造，在2016年获农业推广硕士学位。我边学习边在基地进行实地生产操作，通过系统学习农业领域专业知识，为

加速合作社发展、带动农户共同富裕奠定了良好的理论基础。

（五）借助本科专业优势，初涉电商见成效

从事果园生产需要3~4年的幼林培育期，只投入无产出。我在培育果园的同时，瞄准当地大宗农产品——雷笋。鄞江镇、洞桥镇是宁波雷竹笋的主要种植区域，我以高于当地批发价1~2元的价格从种植户手里收购雷竹笋，然后通过做物流的朋友，将雷竹笋销往全省乃至全国各地，这不但让父老乡亲看到了自己的销售能力，而且实实在在地把合作社社员和村民的经济收益提高了，平均每亩增加收入3000元以上。大家不再用怀疑的眼光看我，而是真正把我当成了带领大家共同富裕的合作社理事长。2010年合作社平均帮助农户增收2000元/亩以上，2011年帮助农户增收提高到了3000元/亩以上，合作社当年销售额就已经突破了1300万元。2013年联系了五家全国最具影响力的团购网站，把自己的樱桃基地放到了网站最显眼的位置，用极具食欲的文字和让人馋涎欲滴的实景照片来吸引游客。每年4月底至5月中旬，短短一个月时间，吸引7万左右的游客前来基地采摘游玩，并附带到农村周边消费，连基地边上卖茶叶蛋的老奶奶一天的收入都超1500元。我是宁波第一批做农旅融合的人，通过农旅融合，整体拉动了周边区域的经济消费。

（六）扩基地，建示范，拓业务

随着效益的增加，越来越多的农户加入我创办的合作社，传统的销售方式已经满足不了当前的生产规模。于是，2016年在鄞州区横溪镇又租地200多亩，创办了宁波市鄞州横溪兴艺家庭农场，建立智能化、高品质的樱桃产业示范园。为进一步拓展业务，于2017年创办宁波田甜恬农业发展有限公司。在鄞州区横溪镇，海曙区鄞江镇、洞桥镇，浙江省台州市等地建起农旅加研学的综合性农场，种植农产品涵盖艾草、樱桃、枇杷、水稻等各类经济作物，以及粮食、中草药类植物，经营规模达3560亩。此外，经营模式不断创新，提出了"产品优质化、经营分类化、目标市场差异化"模式。通过线上、线下相结合的经营方式，对一些不耐运输的产品，以线上引流、线下体验销售的方式进行；对于一些可保存运输的产品，通过自媒体传播，快递运输方式销售。建立了社区电商平台和500m²的线下体验门店，同时组建了3支5人组成的线上营销队伍。2022

年，我创办了1家企业、1个合作社、1家家庭农场，销售额合计达到890万元。

（七）创品牌，传技术，促共富

为向社会输送绿色安全农产品，我创建了"田甜恬"品牌，并且制定了统一技术标准、统一产品质量要求、统一品牌管理等制度。加大力度引进新品种，试验成功后，摸索一套技术，在试种成功后，带动周边农户种植，并把种植技术要求，毫无保留地传授给周边农户，同时按照"田甜恬"品牌质量要求，帮助产品销售，解决了传统产业农产品销售难的问题。

利用现代农业管理原理和近几年的实践，我编写了《樱桃园科学栽培技术规定》《雷笋的覆盖技术规定》，使社员不再盲目种植，实现了合作社的统一管理和生产。特别是2019年在樱桃园里开展了"测土配方的樱桃施肥管理控制系统研发及应用"，大大提高了樱桃亩产出，每亩增加收益1万元以上。

为了响应国家东西部协作政策，帮助新疆阿克苏地区、四川凉山彝族自治州的农产品外拓，自己创办的公司累计为宁波结对帮扶的协作地区销售农产品760余万元。

从事农业生产已有15个年头了。15年来，基地规模逐年扩大，目前拥有自有基地560多亩，每年可生产樱桃、杨梅、枇杷等优质农产品900多吨，产值1000余万元。合作社现有社员56户，覆盖农户基地2000多亩，实现产值2300余万元，增加就业112人。通过网上销售，每年能帮助老百姓销售雷竹笋、葡萄、蓝莓等农产品960t，实现产值672万元，为农户增加收益192万元。已建立社区电商网点4家、服务社区6家，覆盖人口18000户，增加就业18人。

二、智能化果园肥水管理系统秘诀

近年来，随着宁波果品产业的不断发展，制约果树发展的痛点问题也逐步显现出来。科学施肥、实现施肥过程的高效管控以达到节水节肥省人力等目标，已成为广大果农们普遍关心的问题之一。在此背景下，我们推广了测土配方施肥。这种施肥方式可以培肥地力、提升农业生产能力、提高农产品产量、改善农产品品质、优化肥料使用程序、节约人力投入成本、减少农药面源污染、提高果园经济效益，进而增加果农收入。我们以樱桃园为例，建设智能化果园肥水管理系统。

通过对樱桃的观察与研究，采用"测土配方+智能控制"技术，提高樱桃水肥利用效率，能够根据樱桃的生长需求，实现适时适量精准施肥的功能，并积极开展技术应用示范工作。同时，采用无公害生产技术和标准，开创了生态农业发展新模式，有力地推动了樱桃的标准化、优质化与高效化发展，进而带动宁波市乃至周边樱桃产业的发展。研发项目基于测土配方的樱桃施肥管理控制系统，水肥利用率提高了40%以上，大棚每年亩产值可达12万元以上，露地每年亩产值可达8万元以上。

三、优质生鲜果蔬产品新型销售模式

优质生鲜果蔬产品新型销售体系的销售渠道分为线上和线下。线上就是依托互联网，但有别于一般的网络销售，企业不但是销售者，同时也是供应商，这样就保证了果蔬产品新鲜度和可靠性。线下就是配送和社区门店，由于企业本身是供应商，减少很多中间环节，节约客户的消费成本，用更实惠的价格买到更好的产品。

优质生鲜果蔬产品新型销售体系使企业既是生产方，也是运输方，更是销售方，真正实现多种角色融为一体。不管在生产上还是销售上都是以实体店为基础，将互联网作为载体，打造信息支撑、协同管理、产出高效、产品安全、资源节约的现代农业。这个销售体系的构建是传统产业链的创新，是整个行业的变革。

初期，通过第三方平台吸引人气，让消费者到农场里采摘游玩，之后在采摘活动中进行优质生鲜果蔬的销售与宣传；并在农学课堂上通过微信、QQ等与客户增加互动，提升消费者对果蔬以及农旅基地的信任感。鉴于众多客户不可能一直有时间来农场消费，于是设立线下门店，将消费者的消费欲望转移到门店，让消费者就近享用优质生鲜果蔬产品。同时，利用线上服务，进行优质生鲜果蔬产品网络销售，与客户保持互动与联系，吸引消费者购物，还能刺激消费者到线下农场体验，打响品牌认知度，建立良好口碑，使互联网、农旅基地、社区门店三者之间达到一个良性的消费循环。

四、创业心得

创业也许是一条很孤单的路，但也是一条不断走向幸福、实现自我的路。创业就像养育孩子，虽然过程很闹腾，充满了太多的未知和挑战，但当你看到自己亲手栽植的小树苗一天天长大、开花、结果、收获时，就像看见自己的孩子一天天成长、成人、成才一样，心里会有满满的幸福感和成就感。创业的过程难免会有许多艰辛，但只要能扛得住挫折，耐得住寂寞，持之以恒，勇往直前，就会在不远的地方看到希望。

"苦""累""脏"不是农业的代名词，只要肯学肯干、顺势而为、方法得当，农业也一样是一个能赚钱、能致富的行业，是一个体面而有奔头的产业。农业很基础，但务农很光荣。

专家点评

姚春梅，一位85后女大学生，因为对农业农村的情怀，跨界从物流管理专业走向林特产业栽培，又因为那份深深的责任，用15年的最美青春，创立了自己的农业品牌，带领周边农户开启了林特产业的新模式。她，不光是深入田间地头的乡土农民，也是两度重返不同高校的在职研究生；她，不仅钻研技术，是实行科学种植的技术能手，也是不断探索、创造新型经营模式的管理人才。她是农民的一束光，给农民带去了种植技术，也给农民带来了希望，她用自己的勤劳与行动践行了什么是"乡土"，用自己的科学与智慧诠释了什么是"专家"。

点评专家：章建红

潘树增

　　潘树增，男，1968年11月出生，浙江省温州市永嘉县人。宁波市江北绿艳果蔬合作社社长、宁波市林业乡土专家联盟监事长。2014年获聘宁波市首批林业乡土专家；2018年被中国林学会聘为中国林业乡土专家；2010年荣获"宁波市江北区劳动模范"称号；2022年获评宁波市江北区第一批杰出农匠。其创办的合作社先后被区、市、省评为示范性合作社。

葡萄地里的"秘密武器"

潘树增

一、创业经历

（一）异地创业见成效

1989年春天，时年21岁，经亲戚介绍，只身来到宁波市江北区裘市乡裘二村（现为前江街道裘市村）第四生产队，承包土地种植水稻。也曾种过西瓜等经济作物。20世纪90年代初期，周边县发展蔺草产业，经济效益显著，于是我来到了当地参观学习，先进行小面积试种，由于技术措施到位，加上精心管理，亩收入达到了4500多元，实现了"万元户"梦想。初尝甜头后，面积逐年扩大，于1995年成立了宁波江北立新有限公司，蔺草种植最多的时候面积达到了1500多亩，公司员工有200多人，也成为江北区纳税大户。2006年美元汇率急剧下降，人工成本攀升，蔺草产业效益下降。

（二）"见异思迁"种葡萄

我思考着，承包了这么多土地，有没有更高效的产业可以发展？这时我想到了葡萄，那个时候品质好的葡萄都靠进口为主。于是我就开始走访并了解情况，请教了很多葡萄专家，进行可行性分析。了解到当时我国葡萄产量远远低于国际平均水平的1/5。经过专家咨询后，于2006年下半年下决心，向老百姓流转300多亩土地，租期15年，种植葡萄。根据专家指导，引进'夏黑'葡萄，该品种刚从日本引进，没有先例且缺少技术，存在较大风险。同时，也种植当时技术比较成熟的品种，如'高妻'葡萄、'醉金香'葡萄、'金手指'葡萄、

'甬优1号'（现'鄞红'）葡萄、'巨峰'葡萄、'红地球'提子、'美人指'葡萄、'巨玫瑰'葡萄、'维多利亚'葡萄、'比昂克'提子等，这样就有早中晚成熟的品种，可以拉长销售时间，减轻销售压力。品种多也能吸引更多不同口味的顾客前来采摘。引进种苗，购买有机肥作为底肥，但栽培技术一片空白，就聘请了金华市农业科学研究院葡萄专家为我们作技术指导，并进行精心管理。终于，葡萄挂果时间到了，还要准备一些销售的策略，联合相关种植户，成立了一家由6个成员组成的宁波市江北绿艳果蔬合作社。

（三）农旅结合以"旅"促销

农旅结合为葡萄的营销做准备，建立了葡萄农庄。在上级有关部门的支持下，精心设计打造了集餐饮服务、小型会议、茶室、葡萄采摘、土地领养、葡萄领养、草莓采摘、各种蔬菜采摘和领养以及一天自驾游于一体的绿苑葡萄农庄。通过亲子采摘等多种方式进行宣传，成功举办了"江北葡萄节"，还邀请宁波电视台二套"来发"节目进行宣传，人气十分旺盛。注册了"甬康"商标，与多家超市进行农超对接，直接供货，减少中间环节，取得了极为可观的经济效益。

'夏黑'葡萄在浙江省葡萄协会擂台赛中，凭借其出色的颜色、香味、口味、串形、糖度脱颖而出，获得了第一名金奖。到了中晚熟品种上市时期，由于上市时间集中，便改变销售方向，面向大客户招商，以大单为主。到了10月，葡萄销售结束。周边的农户看到我引进了这么多的客户，销售做的红红火火，纷纷加入我们合作社，目前合作社成员已达108户。我们帮助农户进行技术指导和各种物资采购，到了年底对销售情况进行总结，并确定明年的生产方向，指出品种定位的不合理、销售比较混乱、产量过低、品质追求过高等问题。

（四）"秘密武器"促精品

2年的种植经历让我认识到，农科院老师所讲的内容与实际田间管理有一点区别。于是，我参加技术培训班，学习技术、学习管理，向省内台州、金华及上海、江苏等地区葡萄种植能手取经，学了不少口头上的经验。回来后，我着手一些实验，并与相关专家、院校、科研单位合作，开展新品种培育、枝条诱变、三膜覆盖葡萄提早上市的实验以及葡萄棚内加温等技术研究。面对各种不利的气候条件与土壤条件，以及人工成本日益提高的现状，我联合浙江工业大学研发智能化水肥一体化灌溉技术、局部小气候监测、农产品溯源以及客户远程视频生产全过程精准调控等技术。这些技术提高了葡萄的生长质量，节约了劳动力，成为打造高品质、高效益葡萄园的"秘密武器"。

二、技术密码

围绕葡萄产业，凭借本人几十年的工作经验，涵盖从葡萄品种选择、种植季节、葡萄园的建设到温湿控制智能化、水肥一体化技术等葡萄种植全过程的关键设备与技术。以'夏黑'葡萄品种高品质栽培技术为例，解释葡萄高品质栽培技术密码。

'夏黑'葡萄属三倍体品种，生长旺盛。其商品性以穗形整齐、平均粒重12g左右、穗重约1000g（不超过1250g）、果粉厚、色泽漆黑、糖度高为上品。同时，在同样的栽培条件下，成熟期越早价格越高，这就是葡萄栽培者的最终追求目标。为了达成这个目标，可将减少葡萄生理病害作为切入点。具体而言，要大幅降低日灼、软果、裂果、穗轴褐枯等生理性病害所造成的损耗；以生理增色、诱导增色、促进增色为核心，实现明显早熟。通过智能一体化管理，最大程度满足葡萄生产各要素需求，减少灾害性天气对葡萄生产及品质的影响，从而实现高产优质，同时节约劳动力。

'夏黑'葡萄要实现早熟，首先应考虑有效积温，因为这是其生理基础。但是，在无任何特殊外界条件时，只能在同样的热温条件下努力争取早熟。

（一）地块选择与设施要求

1.地块选择

选择向阳且无阳光遮蔽之处，要求耕作土层深度35cm以上，且耕作土层越深越好。同时，要求水源充足，排水便利，土壤中性，下大雨不积水的沙性土壤，肥水不易流失，可为'夏黑'葡萄种植提供良好条件，为以后的高产奠定坚实的基础。

2.设施要求

葡萄栽培需要大棚设施，要求：①连栋大棚宽度6m、长度60m。②行距3m、间距4m，选择飞鸟型棚架。③开60cm深沟，保持进排水通畅。

（二）葡萄苗和砧木的选择

选择当年苗，砧木需根据土壤耕作土层深度进行选择。

（1）'夏黑'葡萄根系长在表层，生长过程中，适宜耕作土层深度为20cm左右，不耐高温但耐水。

（2）'贝达'砧木，根系较深，生长中旺，适宜耕作土层深度35cm左右。

（3）'5BB'砧木，根系较深，生长旺，适宜耕作土层深度35cm以上，不耐水但耐高温，产量高。

（三）翻耕土壤和苗木定植

（1）土壤处理。提前一个月对土壤深耕，施用发酵完全的家禽粪便或者商品有机肥约3t/亩以上作为底肥，并将其翻耕至土壤里面。

（2）定植时机选择。春天到了气温上升，地温达到15℃以上且天气晴朗之时，适宜'夏黑'葡萄的定植，对苗木进行分类，大小苗木分别栽种。在苗木的嫁接口以上留两个芽，剪掉多余部分，用杀菌剂和生根药水浸泡2小时。进行定植时，不能将苗栽得太深，只需用土壤盖住老的根部即可。移栽完毕后浇定根水。

（3）小苗管理。在小苗生长阶段，要保证土壤通透和水分充足，每隔3~5天浇一次水，不能施用化肥，因为化肥会烧根。当小苗高度长到80cm以后，用浓度为0.2%的平衡水溶肥浇小苗。此时可以摘心，使葡萄树主干增粗，为第二年的高产打下基础。随着小苗的长大，肥料用量逐渐增加。抹掉多余的副芽，主干长到了规定的高度放倒走单边至4m处，抹去顶芽，留3个副芽并进行摘心。

（四）保温棚管理要点

1.温度管理

（1）提早保温时，若土温较低（低于8℃），则在保温后的7~10天内，最高温度应控制在不超过25℃。待温度回升后，根系活动能力增强，再逐渐提高棚内温度至30℃，不要超过35℃。在保温环境下，温度偏高有利于打破休眠，促进萌芽。若盖棚时土温已经较高（12℃以上），在保证较高空气湿度的前提下，可以提高到以上规定的温度，有利于萌芽。

（2）绒球展叶后，叶片开始进行光合作用，温度的高低直接影响光合作用效率。光合作用最适宜的温度为25～28℃。超过30℃后，光合作用效率会随着温度的升高而降低；温度达到38℃时，光合作用会完全停止。因此，应将温度控制在25～30℃。

（3）低温冻害有一个极限指标：绒球期后，气温低于−3℃、新梢低于−1℃、花序低于−0.5℃时，即被冻死。还有一个冷害指标：当温度低于10℃连续7天以上，会发生叶片黄化的情况；低于15℃，会造成花期延长、细胞分裂减少、僵果增加、膨大效果下降，因此不能盲目升温求早。绒球期后，最高温度控制在最适宜光合作用的温度为宜。同时，要注意连续阴雨和长期低温带来的危害。

2. 湿度管理

（1）湿度包括土壤湿度和空气湿度。土壤湿度不但会影响萌芽，还能控制生长势。"以水控肥，以水控势"就是依据这个道理。保温后到绒球期，空气湿度越高越有利于萌芽。因此，保温开始后，必须同步提高土壤的湿度，且不能铺盖地膜，使土壤的水分蒸腾到空气中，从而达到增加空气湿度的目的；绒球期后，植株开始进行呼吸作用和新陈代谢等生理活动，此时必须降低空气湿度才有利于呼吸作用的正常进行。同时，也可降低病虫害的发生和传播。因此，长叶后必须及时铺设地膜，以阻隔地面的水汽蒸腾，降低空气的湿度。即使低温（前提是无冻害）的晚上或连续阴雨的白天，也必须开棚排湿，以不起雾为好。

（2）气体危害主要有除草剂气体危害、污气、氨气灼害和二氧化碳气体不足。气体危害会导致光合作用下降，危害严重时，可造成不可挽回的损失。

（3）大棚内高温高湿，草害不可避免。在使用除草剂时要提前查看天气预报，选择在没有冻害的晴天开棚通气的同时喷施除草剂，喷施当天至晚上也不能关棚膜，到第二天的傍晚毒气排净后再封棚保温，如此操作即可免除毒气危害。

（4）棚内施肥时，特别是施氨态氮肥或尿素（约3天时间可转化为氨态氮）时，需要关注氨气灼叶的危害。肥料深施可以避免肥害的发生。如果发生类似情况，须及时开棚放风排气。

（5）二氧化碳是光合作用的原料，保温棚密闭环境下二氧化碳气体偏少，若少到光合作用最低补偿点以下时，光合作用随即停止。因此，葡萄展叶以后，特别是旺盛生长时期，必须每天注意放风换气。

（五）日常管理

1.修剪

（1）'夏黑'葡萄修剪方法包括生长季修剪（夏剪）和休眠期修剪（冬剪）。生长季修剪主要包括抹芽、疏枝定梢、主副梢摘心、副梢选留、抹卷须等措施，通过合理布置叶幕结构，以达到控梢保果、促进花芽分化、减少病虫害、促进着色、提高品质、稳定产量等目的。

（2）冬剪在葡萄落叶后至春季伤流期前进行修剪为宜。幼树、旺树适当长放轻剪，每个枝蔓留5~8个饱满芽短剪；成年树、中庸枝梢适当重剪，每个枝蔓留健壮饱满芽4~5个，弱枝疏除或留1~2个芽重剪更新。截剪留长度主要是根据修剪需要和成熟新梢的质量而定。一般把当年成熟的枝蔓短截到所需要的长度，短梢留2~4节，中梢留5~7节，长梢留8~12节。一般枝梢成熟好、生长势强的新梢可适当长剪；生长势弱、成熟不好的可以短留；枝蔓基部结实力低的，宜采用中、长梢修剪；枝蔓稀疏的地方为充分利用空间，可以长留；对放任生长的新梢宜长留。更新时，对结果部位上移的枝蔓进行缩剪，用它们基部或四周发生的成熟新梢来代替；成果母枝长留，宜采用长、中梢修剪，下面一个作预备枝剪，留2~3个芽，每年反复更替进行。用此种方法培养更新枝组比较可靠，多适用于发枝力弱的品种。多年生的老树，修剪时应考虑枝蔓的回缩更新，促进老龄树的复壮。回缩更新可以在主枝、侧枝上进行。

（3）围绕留芽量适中及负载情况来确定修剪内容。留芽量过多时，植株负载大，会导致透风透光不良，营养不足，出现软果串、品质差、成熟期延迟，且枝条生长弱；留芽量过少，结果枝数目不够，架面会显得空虚，同样也会影响产量。所以，要结合树势和架面情况，确定一个合理的留芽量。一般每米架面可容纳新梢10~15根，并且还要根据树势适当增减。

（4）枝梢修剪时应在蔓口芽上4~6cm处剪截，或剪口芽上端一节的节部剪断。由于'夏黑'葡萄的蔓组织疏松，髓部较大，水分、养分很容易流失，枝蔓剪留量的确定，要依据长势与结果特点，把握好度。

（5）疏剪是从基部彻底剪除掉不需要的枝蔓，并将枯死枝、病虫枝、无用的枝及徒长枝剪除，以保证各个主蔓能按照一定间隔配备好结果母枝组。

2.摘心、留叶和副梢管理

'夏黑'葡萄因生长势较强，一般生长强势的在7叶时摘心，然后在开花前留

10叶时再次摘心；生长中庸的留12叶开花前摘心，副梢叶片以花穗开始算起往上留1叶后摘心，顶端根据空间情况缓慢留叶，以避免顶端优势影响营养分配，防止果实因营养缺乏而出现果小、着色差、成熟推迟等问题。

3. 定枝、定穗和定量管理

定枝为20cm/枝，定穗应以5~7穗/m为宜，留穗量1700穗/亩左右，产量控制在1700kg/亩左右。

4. 拉花、保果、膨果

（1）拉花。花序长到7~11cm（即开花前15天左右，多数新梢8~9叶期）是拉花的适期，可使用浓度为5~10mg/L赤霉酸+高质量氨基酸+展着剂蘸花序。在这个时期内，花序越长且时间越往后，使用浓度应越高。若使用期推迟，要适当提高浓度。用一次性塑料杯盛满赤霉酸液，一只手拿液杯，一只手的食指将花序轻轻弯压至药液中，使花序全部浸入即可拿出，速度很快。拉花后必须施水肥，方可保证拉花效果。

（2）保花保果。在进行保花保果时，要保持果粒大小的均匀度，这对保证商品性非常重要。开花后1~3天可以用赤霉酸配合氯吡脲进行蘸花处理，既能保花又能形成完整的果穗。"信使花"满花后，每天早上、中午、傍晚三次检查"信使花"，敲弹果柄观察落粒情况。如果出现大量落粒现象，则立即进行蘸花保果处理，最晚可在第二天处理结束。参考浓度为25mg/L赤霉酸+2mg/L氯吡脲+200mg/L链霉素。配好后，将每个花序浸入药液中，轻轻晃动后取出。蘸花保果处理，必须在满花以后，大量落粒以前。在该时间段内，建议尽可能晚的处理，根据"信使花"出现落粒的时间开始蘸药。若蘸药过早，则可能出现大小粒、果梗硬化等负面影响。长势中庸，又是保温棚，注意温度高的情况，这一情况，氯吡脲的浓度不能高，用低浓度即可。同时，也可以综合考虑花期防病，保花保果时加一些施佳乐、凯泽等药一起蘸。

（3）膨果。'夏黑'葡萄系天然无核，果粒内缺少内源激素，影响果实膨大，要补充外源激素促使果实膨大。因此要使用果实膨大剂处理果实。蘸花保果10~12天后，开始进行药剂膨果处理。在使用药剂蘸果前先进行一次疏果，然后进行膨果处理，如果膨果效果不理想，可以在第一次膨果处理后7天再做一次。但是一定要注意及时补充肥水，调节剂不是营养，最多是搭建了骨架，内含物的填充需要营养的供应。参考浓度为50mg/L赤霉酸+2mg/L氯吡脲+200mg/L链霉素。配好后，将每个花序浸入药液中，轻轻晃动后取出。一定要注意：严格按照用药方法施用，切勿随意更改使用浓度和变更使用时期。良好的管理方法要与良好的肥水管理等相配合，尤其在保果和果实膨大处理时，一定要注意水肥的供应正常。

5. 花前整穗形

花前将穗形整成圆柱形，留12~13小节穗，生长到疏果时长度在15~16cm，宽在6~7cm即可，留100粒/穗左右，平均粒重10g左右。为了提高工作效率，主要精力应放在花前整形、疏花蕾上，这样在疏果时做到少疏、快疏。

6. 肥水管理

（1）绒球期萌芽肥。每亩用6kg氮肥大水冲施，主要作用是促进新梢生长和新根发育。

（2）拉花肥。每亩用16-16-16平衡复合肥8kg大水冲施，主要作用是促进新梢生长、新根发育和花芽分化。

（3）保果肥。每亩用18-18-18平衡复合肥8kg大水冲施，主要作用是有利于果实膨大、新梢生长和花芽分化。

（4）膨果肥。每亩用20-20-20大量元素水溶肥8kg和18-18-18平衡复合肥10kg大水冲施，主要作用是膨大果实，隔8~10天再用一次，保证树体营养。

（5）转色期。每亩用13-6-20大量元素水溶肥8kg冲施，主要作用是加快上色、增加糖度及增加果粉。

（6）果实采收后。每亩用18-18-18平衡复合肥10kg大水冲施，主要作用是为了恢复树势和补充养分，为第二年高产打下基础。

（7）叶面肥的喷施。大量元素水溶肥均可作叶面肥喷施用，根据冲施的对应含量进行叶面喷施。

（六）病虫害管理

病虫害防治坚持"预防为主、综合防治"的原则。优先采用农业防治、物理防治和生物防治，科学合理地使用化学防治。此外，应选择不同作用机制的农药交替使用，延缓抗药性的产生。病虫害主要有溃疡病、穗轴褐枯病、灰霉病、霜霉病、白腐病、绿盲蝽、金龟子等，特别是溃疡病要在保果期预防。

（1）溃疡病可用抑霉唑、咯菌腈等杀菌药物进行防治。在葡萄膨果期用这些药物做好预防；在发病期则用其进行治疗。

（2）穗轴褐枯病用广谱杀菌药物进行治疗。在葡萄膨果期做好预防；在发病期进行治疗。

（3）灰霉病用腐霉利、抑霉唑、嘧霉胺等杀菌药物进行预防和治疗。

（4）霜霉病用吡唑醚菌酯+福美双等杀菌药物进行预防和治疗。

（5）白腐病用抑霉唑、咯菌腈等杀菌药物进行预防和治疗。

（6）绿盲蝽和金龟子用菊酯类杀虫药物进行预防和杀虫。

（七）智能一体化管理

有条件的情况下要采用智能一体化管理模式。该模式要求实现对大棚内环境温度、环境湿度、太阳光照、土壤温度、土壤湿度、远程视频、农事等进行记录和监测，同时对水肥一体化灌溉和农产品溯源进行控制，以实现智能化管理。计算机能够自动把所有农事数据记录下来，翌年可以智能化比较优缺点。几年后，农业将实现智能化自动管理，届时，即便是外行人也能够进行农业管理。

1. 网络架构

网络架构如下图所示。

2. 智能农业现场数据采集

智能农业现场主要以大棚生产为主，地理环境复杂、区域分布广是智能农业

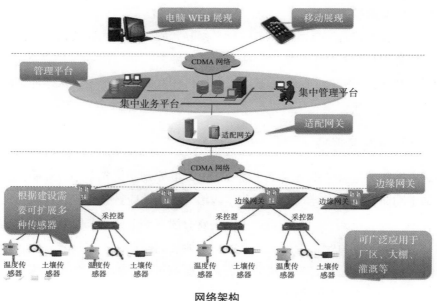

网络架构

共同的特点，为此我们采用无线分布式数据采集，如上图所示，将每个大棚中现场环境数据通过数据采集器采集，经无线ZigBee传输至采控器，再通过电信网络的5G无线传输到远程智能监控系统。

3. 电信网络

依托电信5G无线网络主要为远程传输、无线发布提供高效率的传输网络平台。

4. 信息发布

信息发布主要通过电信5G无线网络将采集的空气和土壤的温度、湿度等数据通过手机/手持终端及时、快速地传送到智能农业管理人员、农业专家手中，以便及时掌握农作物的生产环境，避免因为自然环境的变化给农作物带来不利的生长环境，也不会因为智能农业管理人员不在现场而得不到生产环境及时信息，也为农业专家的远程指导提供良好的数据保证。

5. 采集原理

根据智能农业大棚区域分布较广及采集现场相对比较复杂、综合布线难度大等特点，在数据采集方式上不同于传统的工业自动化总线方式，考虑电信网络的覆盖区域广、信号相对稳定，我们选用小区域内无线ZigBee技术和远程5G无线网络技术相结合方式，实现分片采集、广域传输。我们以一个智能农业大棚为例，如下图。在进行数据采集时，将空气温度传感器、湿度传感器、光照传感器、土壤湿度传感器安置于智能农业现场，并连接到无线数据采集器。考虑大棚内区域较大，我们采

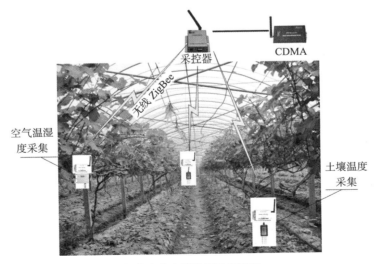

智能农业大棚数据采集原理

用多点测量，通过无线ZigBee将采集器和采控器进行连接，将智能仪表通信协议嵌入到数据采集与传输设备中，数据采集与传输设备会自动周期性读取每台智能仪表采集的温度、湿度、光照、土壤湿度和实时现场图像，再通过电信5G无线网络将数据通过短信方式发送现场管理人员、农业专家等，减少了大量的现场综合布线，既节约了大量的人力、物力和财力，也提高了系统的可维护性。

6. 远程智能原理

智能农业远程智能监控系统从数据架构上采用先进的三层架构模式，即数据采集层、数据传输层和数据应用层，如下图。

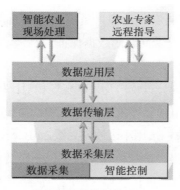

远程智能监控系统原理

7. 数据采集层

数据采集层主要对智能农业现场农作物生长大棚里的空气温度、湿度和土壤的温度、湿度的数据采集和实时现场图像，采集方式为周期性自动采集，采集周期可根据用户要求设定。

8. 数据传输层

主要对采集的数据通过电信网络进行可靠、安全、快速传输。

9. 数据应用层

考虑农业现场环境比较偏远，信息化设施可能不到位，由于电信网络的覆盖面积广，数据应用层主要通过手机短信和现场视频方式将数据及时传送给现场智能农业人员及农业专家。

10. 设计原则

采用先进的系统架构体系和基于5G无线网络通信技术设备，实现配置和技术应用的先进性。

11. 经济、实用性

智能农业远程智能监控系统以实用性为原则，充分利用现代化信息技术、移动通信技术，在系统整体设计、硬件软件选型时结合企业现有系统实际情况，确定了合理、高性价比的建设方案。

12. 开放、可扩展性

软件、硬件平台均采用模块化设计与开发，具有良好的可扩充、扩展能力，能够非常方便地进行系统升级和更新，以适应今后业务的不断发展，并提供与其他系统的数据接口。

13. 易于管理维护

由于主干网和数据通信多采用无线通信技术和电信5G通信技术，减少了复杂的人工布线，以便于管理和维护。

以上几个措施可以显著减少葡萄易出现的生理病害，如日灼、裂果、软果、穗轴褐枯等，在有效减少生理病害的基础上进一步促进早熟，这样能明显减少销售时损耗且提早上市，从而获得最大的收益。这些措施还保证了葡萄对各种生理病害的抗逆性得以提高，大大减少了在收获期的损耗。大家种葡萄的目的并非仅仅是为了减少投入，而是为了增加收益。减少损耗、促进早熟、提早上市会给大家带来一个意想不到的收益。

三、案例分享

试水云南建水县种植葡萄，促成"中国早熟优质葡萄第一县"美誉。

2012年一次偶然的机会到云南省考察葡萄产业，我们发现云南省建水县的气候、土壤和海拔等条件，非常适合种植葡萄，可以做到'夏黑'葡萄中国最早上市，山地资源非常丰富。但经济不发达，当时还没有脱贫，丰富的劳动力资源，适合连片种植和大面积发展，可以形成葡萄产业链。看到了当地发展葡萄的有利条件和优势，心里非常激动，说干就干。于是委托朋友帮我们寻找土地，最后，看中了一片430亩山地，并租用了该土地。联合浙江省4位乡土专家一起合作发展葡萄产业。经过前期充分研究，进行土地整理，按我们现有葡萄种植技术进行葡萄种植，但由于建水县气候的缺点是水资源缺乏，因此，我们走了不少弯路。第二年我们及时调整技术措施，打井解决水源问题。经过我们的精心经营，云南建水的'夏黑'葡萄比宁波的产量高50%，商品果亩产量达到3150kg，时间比宁波提早45天，抢占了市场，建水葡萄利润比宁波的高出很多。市场的高效益带动了浙江省民间水果大户以及各地葡萄种植户纷纷在建水县建立葡萄基地。

2022年，对建水葡萄基地的品种进行调整更新后，'夏黑'品种190亩，平均产量出售2580kg，平均单价20元/kg，每亩收入51600元。'阳光玫瑰'240亩，平均亩产量出售1820kg，平均单价49元/kg，每亩收入89180元。成本投入中人工每亩6000元、有机肥6500元、其他肥料2600元、农药800元、大棚膜1100元、土地租金1200元、电费1000元，每年总投入8256000元。

经过我们的试水，截至2022年，建水的葡萄面积已达10万多亩，成为一大优势农产品，它带动了当地劳动力就业，同时让建水的农民成为一支葡萄栽培的技术人才队伍，其中疏果技术工人名扬全国，号称"金剪刀"，输送到各地，为全国各地解决了疏果技术工人缺少的问题。这不仅让当地农民脱贫致富奔小康，实现了家家户户小房变别墅，还形成了包括有冷链配送、有客户住房以及各种包装生产线在内的完整产业链，为当地农民工解决了就业问题。建水葡萄成功带动了一条产业链的发展。

专家点评

　　潘树增同志是宁波当地葡萄园里的"改革者"和"发明家"，十多年来最热衷的事便是"跑出去"，去学习别人成功的种植经验，自己研究琢磨葡萄栽培技术。他发明了带有自动温控功能的智能大棚，实现了葡萄错峰上市；他带领社员走出宁波，在云南拓疆辟地，研发早熟'阳光玫瑰'和晚熟'阳光玫瑰'一年两季成熟，增加收益；近年来，又研发出一套新型智能化管理系统操作设备。在他的带领下，浙江的大户跟随着在云南增加收益，并且在当地打造了一支闻名全国的葡萄修剪"金剪刀"队伍，带动了当地人民脱贫致富。

点评专家：张望舒

杨晋良

　　杨晋良，男，1973年5月出生，浙江省宁波市海曙区人。现任宁波市海曙区五龙潭茶业有限公司执行董事、宁波市向阳舍慢生活农场联合发起人、海曙区龙观乡供销合作社主任、宁波市人大代表、海曙区政协委员。兼任海曙区茶文化促进会执行会长、龙观乡侨联主席。曾获宁波港城工匠、宁波市高级人才、海曙好人、"农村社区（CLC）终身学习研究所"特聘专家等荣誉。2016年被宁波市林业局聘为宁波市林业乡土专家，2018年被中国林学会聘为中国林业乡土专家。同时，还获得过宁波市"新型高素质农民""宁波红茶制作技艺的非遗传承人"等身份。2013年，成立了五龙潭茶业有限公司，获得"宁波市茶叶精品园""浙江省标准化名茶厂""浙江省农业科技示范基地""浙江省休闲农业与乡村旅游示范点""全国农技推广示范县（区）农业科技实验示范基地"等荣誉称号。公司所生产的系列茶产品通过了绿色食品认证，'五龙明珠'绿茶、'御金香'白茶两个产品在2016年第八届"中绿杯"全国茶叶评比中分别获得金奖；'明州红'红茶在2017年宁波市红茶评比中获得金奖；'五龙香茗'绿茶在2017年浙江省农业博览会上摘得新产品金奖；'它山堰'绿茶及白茶在2018年第九届"中绿杯"全国茶叶评比中分别获得金奖；'御金香'白茶在2018年第二届中国国际茶叶博览会获得金奖。

坚守本心，为茶叶"赋值"

杨晋良

一、从事经历与成就

（一）茶叶基因，还归茶业

"我是种茶的农民老杨"，对这个身份的认同，源于我对茶的热爱和心中的茶园理想，我曾祖父创办了茶行，我父亲从小在茶行学艺，公私合营后在新的工作岗位也一直在从事茶叶销售的管理工作。可以说，祖上四代皆为茶商，我从小闻着茶香长大，耳濡目染，与茶结下了不解之缘。

算起来，我应该是第四代茶人了。因为这个原因，我求学于浙江农业大学（现浙江大学）茶学系。只是由于当时茶叶经营水平低，经济效益不高，毕业后，我并没有在第一时间从事茶相关行业，而是到大公司打工，自己也经营过电器。我在社会上磨炼近20年，经过时间的洗礼，知识、阅历有了更多的积淀，比之前有了更成熟的心态和想法，并且有了一定的经济基础。是沿着原来的方向稳妥前行、积累财富，还是重新选择路径，去圆自己的茶园梦？这是我考虑了很久的问题，2012年年底，当时在鄞州区农林部门工作的校友、茶叶博士吴颖知悉了我的想法，极力推荐我来龙观乡五龙潭，因为这里原有1000多亩茶园和茶厂，承包到期，正要重新招标。

于是，我下定决心从原先的家电行业转身，遵从内心的愿望，来到了龙观。这里有红黄土壤，土层深厚，土体松软，矿质营养元素丰富。同时，检测结果显示龙观的土壤是纯天然的有机土壤，种出来的茶叶也符合有机茶叶的标准。当时龙观乡立足"工业反哺农业，农业促进旅游"的发展思路，有着鼓励并扶持现代精品农业发展的好政策。

2013年，五龙潭茶业正式诞生，一个集生态种植、生产加工、销售为一体的现代茶业企业在这里落地生根，我在这里开启了作为新型职业农民的宁波再创业之路。创业之初，我联系了同在茶业行业的校友，与母校浙江大学茶学系、华南农业大学茶学系、杭州茶叶研究院等国内茶叶方面领先的科研院校建立合作关系，同时改善土壤性状，更新老茶树，引进新设备，请外援、练内功。

（二）建立标准化茶园和专业化茶厂

在茶园经营过程中，事事亲力亲为是我的工作准则。我承包的这片生态茶园是原先生产队在1975年种下的。为了改善茶叶品质，我花了一年的时间摸索，引进先进设备，做好"产前、产中、产后"管理和田间档案管理，对茶园全程跟踪，完善标准化生产的每个步骤，我们严格遵循"不采雨水叶、不采露水叶、不采损伤叶"的原则，嫩叶轻揉、老叶重揉、二次焙火一次提香等传统制茶工艺也都做全做实。在恒温萎凋室、数字控温控湿发酵房、低温数字烘干箱等一系列的数字加工设备加持下，加工过程中对每批次茶叶都留样备查，从而保证了最终产品的一致性。

目前，茶场使用的低温真空干燥机，是中华全国供销合作总社杭州茶叶研究院（简称中茶院）与浙江大学的最新科研项目。低温真空干燥机与传统的干燥机械相比优势明显，在浙江大学专家教授组反复对比后发现，低温真空干燥机更容易保持绿茶原有的色泽和香味。同时，我们与华南农业大学专家教授共同组建红茶加工课题小组，研制出多种高品质的茶，获得业内专家普遍好评。

会客、制茶、品茶，我的一年365天几乎有360天是在茶厂度过，因为我一直秉承着一个念头——用心做好茶！我相信时间是最好的见证。我们企业在经过了十几年的运营发展，'御金香''明州红''五龙明珠''五龙香茗'几个主打产品在"中绿杯""农博会"等各类全国名优茶的评比中，多次获得荣誉。如今，茶园产有绿茶、红茶、白茶、黄茶，已建成全国农技推广示范区农业科技试验示范基地500亩，打造市级现代精品园区"五龙潭茶叶生态精品园"，还承担了中澳合作课题"碳添加对经济作物影响"等多个农业科技攻关项目。

（三）不断研发茶叶新产品

说起我们公司的几款茶叶，比较有特色的一个品种就是'御金香'。'御金香'本身是国家级茶树新品种，它是一个黄色系的品种，具有品种优势。这个产品特点是氨基酸含量很高，喝起来鲜爽度很高，而且它本身生长过程中，像御金香一样有一点白化，远远看去，一片泛黄，非常好看，所以叫'御金香'。'御金香'不仅有经济价值，还有观赏价值。

另外还有一款茶'五龙明珠'，这款茶很适合老百姓喝。我们参评过两次"中绿杯"，在两年一届的中国茶叶界绿茶类最高等级的评选中，'五龙明珠'连续两届都拿了金奖。作为商品茶，'五龙明珠'价格不高，很大众化，而且茶叶品质很好，这和茶场的土壤环境以及苗种息息相关。

研发的'明州红'红茶以宁波古城明州命名，如今已经成为企业的明星产品。'明州红'红茶集传统制作技法和现代工艺设备应用于一身，最终以出色的品质和独特的口感获得了大众和专业的认可，由此步入宁波地区名茶之列。'明州红'于2021年通过了宁波市第六批非物质文化遗产的申报，还入选成为联合国生物多样性大会（COP15）的伴手礼。

（四）农旅结合，三产融合

中共中央、国务院高度重视推进农业农村产业融合发展，而在茶园茶山里建设林特休闲体验园，是更好地将一、二、三产业融合发展，以三产带动一产、促进茶农增收的切实有效渠道。早在2015年，中央一号文件首次提出推进农村一、二、三产业融合发展；2016年，国务院办公厅印发的《关于推进农村一二三产业融合发展的指导意见》指出，推进农村一、二、三产业融合发展，是拓宽农民增收渠道、构建现代农业产业体系的重要举措，是加快转变农业发展方式、探索中国特色农业现代化道路的必然要求；2017年，党的十九大会议报告首次提出实施乡村振兴战略，指出构建现代农业体系需加强产业融合；2018年，农业农村部印发《关于实施农村一二三产业融合发展推进行动通知》的总体要求中提出，要形成多业态打造、多主体参与、多机制联结、多要素发力、多模式推进的农村一、二、三产业融合发展体系。

宁波市从2015年提出建设绿色都市农业强市战略，一直将农村一、二、三产业融合发展作为政策支持方向。我们的企业发展到第三至四个年头的时候，茶场的名声渐渐形成，随之来访的客人越来越多，停留时间越来越长，于是我们在茶叶生产的一、二产基础上，顺应时代发展潮流，推进一、二、三产业融合。

首先，充分发挥农业生态功能，利用春季茶叶开采的盛况，开展各类乡村观光游活动，吸引各类群体加入采茶、赏茶的体验中来；拓展茶产业生活功能，积极利用茶与生活息息相关的特性，将2014年审批建造但作用不大的闲置设施用房于2016年改造成茶主题博物馆及茶过程体验中心，将体验人群由户外吸引到室内进行延伸，如参加茶加工体验、茶饮食开发、茶衍生品制作等，拉近了"茶"与消费者的距离，延伸了"茶"产业链，让茶更好地融入客人的生活中去，使传统单一的茶业成为现代休闲产品的载体，拓展了新的价值空间。通过两年的运转，对整个茶产业的提升有非常明显的作用。

其次，加强产业深度联动，致力城乡互动融合。在众多高校校友会的帮助下，在宁波市区成立了直接面向消费者的"985茶文化馆"，旨在打造一个集田园与校园、农业科技、市区与乡村互相融合、独具特色的新平台。作为一个闹市区的公众平台，通过每周举办的各类活动，搭建了城乡互动、资源整合的桥梁；通过各个产业的相互渗透融合，把农业技术、农副产品、农耕活动、休闲娱乐、养生度假、文化艺术等有机结合起来，拓展了现有核心茶产业的研发、生产、加工、销售产业链，通过联动实现互利共赢。

再者，结合景区优势，凸显茶旅特色。公司茶园分布在五龙潭景区周边，我们以特色化的茶旅活动，来吸引大量游客，提升企业生命力。另外，公司还积极创新推动当地民风民俗与茶的结合，通过历史典故古为今用，利用人流优势，以茶体验为内容、以旅游为抓手、以市场为导向，将茶故事打造成旅游核心，吸引游客体验茶产业各个环节，形成茶旅经济链，让茶产业在旅游体验中增值，而旅游则通过茶体验添彩，实现茶旅一体化。公司每年举办的茶园瑜伽、茶园旗袍秀已经成为五龙潭最美丽的一道风景线。

经过几年的三产融合发展，农业技术、农副产品、农耕活动、休闲娱乐、养生度假、文化艺术等有机结合，拓展了现有核心茶产业的研发、生产、加工、销售产业链，通过联动实现互利共赢，迅速成为宁波市茶产业"三产融合"的典范。而依托于三产融合建成的向阳舍茶主题农场，目前拥有茶主题房间18间，2个停车场，可同时容纳100人就餐，休闲茶吧、会议室、KTV等一应俱全，能满足各式各样休闲度假、商务会议、企业团建活动等的需求。向阳舍目前已获得多项省市荣誉，是国家级森林康养基地、国家级生态农场、浙江省最美田园、浙江省休闲农业与乡村旅游示范点、宁波市林业龙头企业、宁波市现代农业庄园、宁波市农村科普示范基地、宁波市林特休闲体验示范基地、生态旅游特色单位、海曙区茶主题一、二、三产融合示范基地、宁波市海曙区职工疗休养推介基地。

（五）责任担当：发挥企业的社会作用

在龙观的多年经营之中，我认为不应该只是在自己的这一片茶园里耕耘，通过茶园产业帮扶当地农民增收，从而为区域旅游业做大做强添砖加瓦，承担更多的社会责任，是我们企业在发展过程中树立的一个重要目标。

我们通过组建"海曙区它山堰茶叶专业合作社"及筹建"海曙区农合联茶叶专业联合社"等涉农组织，让集体直接受益。企业所承包的村集体茶园，合同签订期限为20~30年不等，茶园分布在龙观乡的桓村与龙峰村等地，海拔从50~600m不等。这既丰富了企业茶叶品种和地域多样性，又增加了集体经济受益。每年企业除了直接上缴村集体茶园流转费以外，还每年赞助村老年协会组织活动，丰富了老年农户的业余生活，营造了老有所养的良好社会氛围。

让百姓直接增收。企业除了流转村集体茶园以外，还流转了周边农户土地近100亩，该土地用于规模化种养，减少了低、小、散等情况发生，同时在减农药、减化肥方面积极示范，起到了"双减"作用，既提升了土地肥力，又使农户增收。茶园生产需要密集的劳动力，除了日常植保外，每年采摘季，企业都会优先雇佣当地农户，2018年当年就地用工达1000人/次以上，不仅提高了当地农户的农技水平，也给当地农户增加了直接经济收入。

企业始终将服务周边茶农为己任，多次开办农业科普培训班，并召开全市飞防现场会等，努力将自身的高科技传授给周边茶农，整体提升茶农素质。截至2018年年底，公司建立了"海曙区专家工作站"，并被评为"宁波农业龙头企业"，带动茶农提高亩产，辐射面积2000多亩，直接经济效益累计达300多万元，为海曙区的农业发展和经济进步做出了我们的贡献。

企业落地扎根龙观后，响应政府号召，带动农创客共同创业。经过几年的努力，我们建立了"浙江省星创天地"，通过借助宁波市股权投资协会力量，融合金融圈、高校毕业学子、返乡创业青年等组织，集聚了浙江大学、西安科技大学、宁波大学、加拿大海归等一批国内外专家教授，以及恒生电子、创源科技、赛创未来等多位企业上市公司高管作为创业辅导导师，为孵化企业提供企业咨询、金融对接、投融资等一系列服务支持，带动周边农户的发展，并帮扶更多有相同农业情怀的创业者，以推动农业创新驱动发展为前提，激发现代农村创新活力，优化农村创新创业环境，加快科技成果转移转化，大力孵化新型农业经营主体，提升创客增收致富的能力，推动现代农业科技创业创新。

我们在创业平台打造方面，借助了宁波市股权投资协会力量，融合金融圈、高校毕业学子、返乡创业青年等组织群体，不定期举办跨行业、跨层次的资源结对活动，通过茶会雅集、讲座沙龙、交友互动等多种形式，创造涉农的一、二、三产业组织并培育孵化，为有志于从事农业的广大青年提供科技示范、输出样板模式，共同打造了一个创业与创新、乡村与城市不同人群组织的专业、全面、独具特色的融合平台，奋力推动乡村振兴战略。

2019年年末，新冠肺炎疫情来袭，作为海曙的农业企业，我们积极防控新型冠状病毒疫情。作为2020年海曙首批复工农业企业之一，在稳步复工的前提下，我们发挥公司员工的能动性，同时联系专家，集中专家智慧，挖掘本土资源，组织攻关团队，经过多次的配比调试、审评、探讨和组织座谈，研发出新产品"浙贝润肺茶"，紧急送往乡镇执勤点、卫生院、派出所、交警队，慰问一线抗疫工作人员。

2022年，我们联合宁波市四明职业高级中学开展茶叶新工艺研制活动，希望借助"校企合作"模式，为年轻学子提供实训平台和实践机会。同时，还帮助管理了天童寺和弥陀寺等茶园，在种植、加工方面进行指导，发挥企业的社会作用。

（六）为茶叶"赋值"助力乡村发展

扎根龙观多年，我深刻意识到"我们是良好生态环境的受益者，也是保护生态环境的实践者"。为了能够让生态好茶可以持续生产，就要尽量减少对周边环境的影响。从承包茶园开始，我们就在茶园内将有机肥逐步替代化肥，运用减肥增效、病虫害绿色防控等技术，新增土壤墒情系统、微型气象站、可视化监测系统，实时监测茶叶从种植、采摘到加工、运输全过程的碳排放数据，为茶叶全产业链减碳，为茶叶"赋值"，在产值增加的同时，从茶叶的生产、加工、运输、消费到废气处理的碳排放大数据，全部可以被在线监测。

在龙观经营茶园的十几年里，我被当选为宁波市人大代表及海曙政协委员，既然在这个职位上，我觉得就应该充分发挥代表职能，积极建言献策，所以提出了《关于加大对生物多样性为特色的研学教育产业扶持力度的建议》，配合龙观乡"生物多样性友好乡镇"开展"1+M"项目建设（1个展示体验科普馆以及M个具有海曙特色的生物多样性体验点），我们企业作为其中的一个生物多样性体验点，也在科学谋划、统筹推进的基础上，充分发挥和利用区域优势，积极响应龙观乡生物多样性友好乡镇示范点创建工作，助力龙观乡建设生物多样性友好教育基地建设，成功创建全国首个生物多样性友好乡镇，共同为"四明秘境，多彩龙观"的蓝图做出贡献。

作为龙观乡生物多样性保护的延续，2022年，我们还投入了近百万元，在茶园东侧打造了一处"芳愈百草园"和昆虫观测站。"芳愈百草园"种植了香水百合、狐尾天门冬等近30种"芳香系"和"治愈系"植物，同期落成的昆虫观测站，让白条绿花金龟、马达加斯加发声大蠊、中国大锹等在龙观乡"土生土长"的昆虫在饲养箱内栖息成长，我们在昆虫观测站配备了专业的昆虫饲养箱，可精准控制不同昆虫所适宜生长的温度及湿度等，方便市民观察昆虫的全生长周期。我们希望通过打造以生物多样性为主题的动植物科普基地和研学花园，寓教于乐中让更多人尤其青少年走进龙观、走近自然。

从"茶"开始，至"茶"结束，我认为不仅是要打造一个茶园内的生态循环，更是打造了一个可借鉴的人与自然和谐共生的大循环"切片"。

2017年，我们以茶园为原点，延展出羊、猪、鸡等家禽认养订单服务及农学体验活动。秉持慢养、生态、健康、品质的价值理念，开发小而精的高端品种猪养殖。向阳舍农场里的乌猪，是以中华八大名猪之一的金华两头乌为母本，经过农业科学院的多年研究，与瘦肉型保密品种培育的金乌猪优良品种。生态养殖生长周期非常缓慢，以天然的玉米粉为主，加上新鲜应季的蔬菜瓜果，辅以茶叶末，增强抵抗力，绝不使用任何抗生素、激素等。这样的小猪一个月只能长5kg左右，因此，足足要将近一年才能出栏。它的价值因为其猪肉品质而得以提升。我在茶园内部实现一个生态平衡，通过鸡、猪等畜牧养殖形成内部小环境的自然生态循环，茶园外围设有家禽饲养区，家禽的排泄物，通过发酵床技术，自然分解后用于茶园施肥，茶叶制作过程中的碎片与茶末又可以充当一部分的家禽饲料。城里的居民可以通过手机认领家禽，采用照片、视频等网络互动方法时时观看"投喂"情况，一起参与绿色养殖，增加了农业活动的参与性与趣味性，从而提升客户与基地农场的黏性和信任度，提升产品的附加值。

（七）以"两山"理念为指导，创新实践企业的绿色发展之路

经历几十年努力，如今我们茶园所产茶已有九成获绿色认证、一成为有机认

证，真正产出了低碳生态好茶。其中，'明州红'获得全国绿色食品博览会金奖，在2022年浙江省农业博览会上又喜摘金奖。茶品提高带动附加值连续追涨，茶产值也实现了三连跳。我们也将继续以绿色标准推动绿色生产，以绿色生产带动绿色消费。

未来，我们将公司总体规划目标设定为坚持以茶产业为核心，根据企业运行模式制定小而美生态农场的发展标准，以田园、山林、水库、溪流等自然景观资源为依托，打造一个智慧农旅结合的茶主题综合体。以茶文化体验为主题，将观光、购物、餐饮、娱乐、住宿、培训、生产、种养业进一步整合起来，形成专业性更强的深度游、研修游、体验游。注重对旅游参与过程动态效果的监测，注重农旅服务的个性化、专业化、细致化。

在管理模式上不断创新，在追求经济效益的同时，重视对旅游文化资源与文化内涵的深度挖掘，只有特色化才更有生命力。重视茶文化相关的非遗申报、保护和传承。构建智慧城市大脑为农旅服务，运用区块链技术实现"智慧农业"的升级。

在农副产品加工方面，加大研发力度，提高品质，挖掘深加工利用，拓宽渠道，通过宣传推荐进一步提高产品附加值；在农旅、餐饮、住宿、养生及娱乐方面，增强服务意识，增强客户黏度，在保持生态环境的基础上，提高人们保护和建设生态环境的自觉性和行动力，建设具有持续性、普惠性的茶产业，带动乡村产业兴旺。

在操作方式、活动内容上推陈出新，基于当地的 IP，加大茶叶类文创产品及衍生品的研发。在保持生态环境的基础上，充分带动当地茶产业及农副产品可持续发展，维护龙观乡生态系统的良性循环和可持续发展，实现农村产业兴旺、农民生活富裕，努力践行企业的社会责任，促进龙观乡的和谐发展与经济进步，为乡村振兴发展助力。

在科技兴农、人才支农、资本为农的细分领域，与宁波创业创新学院共同筹建宁波乡村振兴学院产业孵化中心，为有志于从事农业的广大青年提供科技示范、输出样板模式和创业创新平台。通过学院空间打造，培养一批爱农村、懂农业的人才队伍，孵化培育一批运用互联网手段从事农业产业升级的创业创新项目。创建社会资本参与方式，探索建立乡村振兴产业投资基金，引导金融产品服务乡村振兴发展，实现农村产业兴旺、农民生活富裕，形成以"两山"理念为指导的"浙东样板"。

我期望在努力做好企业的同时积极践行社会责任，在保护生态环境的基础上，充分带动当地茶产业及农副产品可持续发展，以产品为特色，以农为主线，将种养业、深加工、科普教育、农旅体验、营销策划进一步整合，形成专业性更强的标准体系。经过复制推广，通过努力，期望达到在海曙乃至宁波，让更多的人知道、让更多人看见：农业是令人羡慕的行业，农民是受人尊敬的职业！

二、'明州红'红茶加工技术秘诀

提及红茶，人们大多想到的是来自福建、广东、安徽（祁门红）、云南（滇红）等地的茶叶，却鲜少能听到浙江的红茶。实际上，浙江本身就是传统工夫红茶产区之一。'明州红'红茶名字的由来，是以宁波古城明州来命名的。

（一）'明州红'红茶介绍

'明州红'红茶是一款全发酵的红茶，其茶叶基地坐落于全国生态乡、"中华桂花之乡"的宁波市海曙区龙观乡的椅子岙、杜岙亩、蟠龙山等位置，总面积达1000余亩，主要品种为'鸠坑''迎霜''御金香'等，生产时间为每年3~4月。'明州红'红茶制作选用的茶树品种以'御金香''迎霜''鸠坑'及群体种为主，采摘每年清明左右的优质鲜叶作为生产原材料，以茶鲜叶"1芽2~3叶"的芽叶作原料，严格按食品标准化生产。'明州红'红茶从原料加工到红茶成品，多道工序涉及手工采摘、萎凋，通过工业高精设备，对加工过程中的湿度和温度进行量化控制，检测鲜叶pH值和氧化酶的活性变化。这既有对手工工艺的传承，又结合现代生产工艺，干茶外形条索细紧、弯曲如钩、披满金色的茸毛、色泽乌润，滋味浓郁、香气芬馥，汤色鲜亮、叶底红艳成朵，特色鲜明。

'明州红'在原先的手工制茶的基础上，结合现代工业化制茶设备，开启了现代化工业制茶的道路。其中，红茶更是在传统的制作技法上结合现代工艺设备，在复烘时采用不同烘干温度制作出不同香型（花香型、甜香型和焦糖香型）的红茶。复烘结束之后，还有一道属于'明州红'最为独特的加工工艺：炭焙2~3小时。最终，以出色的品质和独特的口感获得了大众和专业的认可，由此步入宁波地区名茶之列。

（二）红茶加工工艺

'明州红'红茶的加工工艺主要包含以下几个步骤：

（1）甄选鲜叶。'明州红'红茶一律选择宁波本地种植的茶树品种，根据不同等级选择不同的鲜叶原料，在发芽率达3%~5%的采摘标准时便开始采摘。

（2）萎凋。鲜叶验收合格后立即进行萎凋操作，萎凋时间为8~10小时，中间用手翻动2次。萎凋结束时间以经验丰富的师傅用手感觉水分在65%左右为准。

（3）揉捻、解块。投叶量一般以自然装满揉桶为准，揉捻时间控制在1~1.5小时。揉捻结束后，将茶叶放至竹匾，人工均匀抖动竹匾进行解块操作，使茶团松散。

（4）发酵。开启加温加湿机，控制发酵间温度为26~30℃、湿度在95%以上，发酵时间为6小时左右，当茶叶颜色变为金黄色时即可结束发酵。

（5）烘干。红茶的烘干分为2次。第一次烘干温度控制在110~120℃，时间40分钟左右，冷却1小时左右后进行第二次烘干。第二次烘干温度控制在75℃左右，时间4~6小时。之后还需低温炭烘2~3小时。

专家点评

杨晋良，这位茶方向的林业乡土专家，给人的印象既是一个普通的劳动者，更是一位茶叶制作方面的工匠。在与他的交流中，我们能够深切地感受到，他是一个爱学习、潜心研究且钟情于茶叶的一个专业人才。在他的身上，充分展现出了一个乡土专家专心致富的形象。杨晋良的五龙潭茶业是一个集生态种植、生产、加工、销售为一体的现代茶业企业，开启了新型职业农民的创业之路。他借助与科研院所的合作，研发新产品提升茶叶的天然品质；通过引进新设备，请外援练内功，提升了茶叶的经济价值；通过标准化专业化研究提升了茶叶的科技含量。解密杨晋良的'明州红'红茶加工技术，为浙江宁波红茶的生产提供了专业技术支持。'明州红'在原有的手工制茶基础上，结合现代工业化制茶设备，开启了现代化工业制茶的道路。在复烘时采取不同的烘干温度，制作出不同香型的红茶，对促进茶叶的经济效益具有非常重要的价值，真正实现了促进地方共同富裕的目的。杨晋良这位茶叶乡土专家的技术密码、致富路径、工匠精神，值得大力推广与深入解读。

点评专家：吴立威

胡冬益

　　胡冬益，男，1960年3月出生，浙江省宁海县人。现任宁海县东盛林业专业合作社社长。1996年被宁海县人民政府评为"宁海县科技示范户"；2011年被浙江省科学技术协会评为"浙江省科技示范户"；2016年获"全国科普惠农兴村带头人"称号；2017年被宁波市林业局聘为宁波市林业乡土专家；2017年，被浙江省林业厅聘为浙江省林业乡土专家；2018年，被中国林学会聘为中国林业乡土专家；2018年获"宁海县五星级民间人才"称号；2019年，被国家林业和草原局聘为国家林草乡土专家，同年被宁波市林业园艺学会评为宁波市优秀林业乡土专家。2017年、2019年分别在浙江省第一届、第三届香榧炒制大赛上获"全省十佳炒制能手"称号；2018年、2019年分别在全国第一届、第二届香榧炒制大赛上获得银奖。在合作社发展方面，2010年宁海县东盛林业专业合作社被评为"宁海县示范性农民专业合作社"；2012年被评为"宁波市示范性农民专业合作社"。"冬益香榧"产品在第九届、十届、十二届浙江义乌国际森林博览会上获金奖，"冬益香榧"品牌获2021—2022年"浙江省十大香榧品牌"称号；2019年"冬益香榧"产品通过"绿色产品"认证。

共育山区"摇钱树"

胡冬益

一、从业经历

（一）笋竹两用山上初显身手

我于1975年从宁海县双峰初中毕业后便参加了集体生产劳动。因我家乡处于山区，可谓七山二水一分田，大部分是毛竹山，所以祖祖辈辈以经营竹林为生。唯一的经济来源是靠挖竹笋、劈竹篾、编竹簟换点粮食，有的也将村里独有的木榧（野生榧树）果加工后去换米粮。当时是个名副其实的贫困山区，直到我长大参加劳动时还是靠政府发放的粮票购买供应粮，生产队种的粮食很少，在那个不允许个体种与养的年代，村民们还是填不饱肚子。

直到20世纪80年代，改革开放的东风吹到了穷乡僻壤，才让村民们有希望发挥自己的聪明才智与特长，有的人出门经商做生意，有的出门承包田地种稻谷蔬菜，有的养殖猪畜禽。而我一门心思地选择了搞笋竹两用山开发。20世纪90年代初，我国生产的水煮笋罐头畅销日本，我也从经营笋竹两用山中逐渐摆脱了贫困，同时也引来了一批批农户参观学习，我及经营的基地也被县政府授予"笋竹两用山高产高效示范基地""宁海县科技示范户""笋竹两用山开发大户"等荣誉称号，同时也带动了一批村民增收。

（二）"移情"恋上香榧这棵"摇钱树"

为改变农村贫困落后面貌，县政府派遣一批批农技专家下乡，对村民们进行各项种养技术培训（其中包括瓜果蔬菜和经济林种植、畜牧家禽养殖等），我积极参加，虚心求教。正是在这些培训当中了解到香榧这个经济林种，引起了我的兴趣。因我家乡就有很多野生榧树大树、古树，寿命高者达千年，我们称之为"木榧"，老一辈常采摘加工其种子出售作为经济来源之一，我们小时候也常吃，感觉挺好的。现在冒出比木榧更好的品种，具有寿命长、用途广、价值高的特点，并且可"一代种植、多代获益"，当时每斤*售价达40~50元，那在当时可谓是天价，因此被山区农民称为"摇钱树""子孙树"，我也因此酝酿着引种的想法。

1991年，镇政府领导从诸暨香榧老区引进了一批香榧接穗，我也要了几棵，把它嫁接在从山上挖来的木榧小苗上（大概9棵或10棵，后来成活8棵）试种。由于对香榧培育管理方面毫无经验，我只能从各种书刊中寻找方法，并赶赴诸暨、嵊州等香榧老区参观学习，拜师求艺，学到了嫁接、培育管理等许多关键技术，并多次听取香榧专家们的培训授课，拓宽了知识面。通过自己的不懈钻研和实践，在香榧栽培管理技术上不断进步。

20世纪90年代后期，竹笋产业不景气，经济效益也随之下滑，我也顺势将产业转移，全身心投入到香榧种植当中。经过五六年的精心培育，8棵试种的香榧树结出了初果，这也增强了我种香榧的信心。1996年，我将自己从木榧树上采摘下来的种子进行繁育，1998年从结果的香榧树上剪下第一批接穗，并从外购置一批，将繁育的木榧苗嫁接上了香榧。2000年开始将培育的种苗移栽到自留地、荒山、退耕田地，此后逐年增加育苗数量和种植规模。

（三）走上专业化合作育榧之路

2007年，我带头成立了当地第一家以种植香榧为主体的农民专业合作社——宁海县东盛林业专业合作社，以"合作社+基地+农户"的经营模式，先带动一批有种植香榧意向的农户加入合作社，向村集体承包荒山200余亩种上了香榧。为更好地为农户提供优质香榧种苗，向农户租用田地50亩用于培育优质种苗，并将自己实践学到的香榧种植培育、施肥、修枝、病虫害防治等知识通过培训传授给农户们，鼓励和带动他们种香榧，走香榧产业共富之路。

随着农户们种植积极性的高涨、种植规模的扩展、香榧产量的增加，产品的销售渠道必须解决。为保证产品推向市场，2012年，我自筹资金百万租房建造了

---

*　1斤=0.5kg。

香榧炒制加工厂，厂房按国家食品卫生许可的要求，建制一整套作业流程，通过"QS"认证。2012年，成功注册"冬益香榧"品牌商标。

为了提质增优，我与宁海县林业技术推广总站、浙江农林大学等单位合作，引进优株香榧品系30余个，'珠珍榧''象牙榧'等珍稀品种2个，建立了宁海第一个香榧采穗圃，为培育优质种苗提供了便捷的种质资源。

为了提高炒制加工技术与产品质量，我积极参加全省乃至全国举办的各项炒制大赛，与众多大师高手们相互交流、切磋技艺、取长补短，个人先后多次获得"全省十佳炒制能手"、全国炒制大赛银奖等荣誉，"冬益香榧"品牌产品多次获浙江义乌国际森林博览会金奖、"浙江省十大香榧品牌"等荣誉，深受消费者青睐。

通过辛勤劳作，我和社员们的香榧林已全面进入产果或盛果期，产量不断提升，合作社年销售额达200余万元。回想起自己的创业经历，虽充满艰辛，但看着自己和村民们蒸蒸日上的美好生活，我的心里乐开了花。

二、香榧栽培与加工技术秘诀

本人从事香榧栽培30多个年头，在香榧苗木高效培育、园地管理以及干果炒制加工等方面积累了一些经验，愿在这里与广大专家与香榧先辈们一起分享，共同探讨，共同进步，也为推动香榧产业助力乡村共富出一点绵薄之力。

（一）种苗培育

1. 种子催芽

10月初，当榧树（木榧）果实果色由深绿色转为略带黄绿色或外果皮开裂时，说明种子已完全成熟，可摘下果实，置于干燥通风的室内摊放几天，待果皮转软后脱去外种皮，然后放水中搓洗，去掉果壳外的杂质及保护膜（提高种子透水性和发芽率），待水分沥干后与湿沙混合进行层积催芽。

（1）室外沙藏层积催芽。首先，选择带泥性细沙，沙的湿度以手捏不渗水、抛掷地面立即散开为宜。然后，选择避风向阳、排水良好的地块，在地上挖坑，坑深70~80cm，面积大小以贮藏种子量而定，要求坑底平坦，坑四周挖深

25～30cm的排水沟。

在挖好的坑底铺上一层厚10～15cm的湿沙，然后撒上一层种子，厚度是沙的三分之一，沙与种子比例为3：1。一层沙一层种子，如此层层叠加至离坑口5cm左右，再撒上一层薄沙土，在坑顶铺置稻草或草帘遮阳保湿保暖。用竹片在坑顶搭拱棚，用白色薄膜覆盖，里外两层以增温。待过25～30天揭膜检查，若发现有开裂长出白芽约1cm的种子，将其拣出另行堆放（只保湿不保温，以控制芽的生长，至2月中旬与后发芽的其他种子一起播种，下同）。如遇天气晴朗温度过高的情况，则揭开薄膜两头通风。到开春2月中旬，将种子筛出，播种于大田。

（2）室内层积催芽。选择密闭度较好的地下室或水泥结构房，在墙角、墙边等适当位置，用木板或其他块状材料围成一个坑，泥地可直接堆制，水泥地应铺上一层塑料薄膜。坑周围用薄膜围住保湿，膜高出板块5～10cm。种子与沙的分层混藏方法同室外。混藏后，在坑四周用稻草或草帘围住，顶部也同样加盖保暖，室内温度保持20℃以上，如不足应用电热加温促发芽。后续管理同室外。

2.播种与砧木苗培育

（1）圃地选择。苗圃地的合理选择关系到种苗的生长、生产成本的高低及病虫害发生状况。香榧喜湿润的环境，圃地应选择在交通方便、避风向阳、排水良好、离水源近的地块，要求土壤深厚肥沃，呈沙质、中性或微酸性。

（2）整地筑床。播种前7～10天，先在圃地撒施生石灰进行土壤杀菌，再撒施腐熟有机肥作基肥，接着亩施5%的辛硫磷颗粒剂2～3kg杀灭小地老虎、蛴螬、金针虫、蝼蛄等地下害虫，然后进行深耕碎土，耙平。之后按1.2m宽筑床，苗床要求中间高两边略低，以利于排水。床间留深、宽均为30cm左右的作业道。圃地周边挖深、宽均为30cm左右的排水沟，要求排水沟与作业道相通。

（3）播种。用锄头在苗床垂直方向划行距宽20cm、深3cm左右的播种沟，在沟一侧施适量草木灰或钙镁磷肥等作基肥，用量不能过多。另一侧按株距4～5cm播种子，芽尖朝下。播种后覆土耙平，苗床保持中间稍高两边略低的形状。然后，用毛竹或钢管搭遮阳棚，立柱与棚顶高度最好以人站立而不碰头（约2m）为宜，在棚架空隙处拉铁丝，以方便铺摊、固定遮阳网。到5～9月高温季节，在棚顶覆盖遮阳率为60%～70%的黑色遮阳网，防止幼苗灼伤。

（4）苗期管理。到4月中下旬，榧树种子相继出土。此时，小地老虎、蛴螬、金针虫、蝼蛄等害虫易危害种苗的根茎部，应及时进行防治。4月中下旬也是香榧细小卷蛾幼虫危害叶芽的季节，应施用农药防治一次。5~7月是种苗立枯病与疫病的高发季节，应通过开沟排水、清除病苗、勤松土除草等方法进行预防。

当幼苗长到5cm以上时，可追施一次速效复合肥，宜薄肥勤施，并结合松土除草进行。幼苗期每年施肥3~4次，冬肥以腐熟有机肥为主，配施磷钾肥。冬季进行松土杀虫。雨季做好清沟排水，防渍水烂根。

3.嫁接与移植

榧树苗培育2年后即可嫁接，嫁接时间可选择春季或秋季，以春季2~3月较为适宜。

（1）种穗的选择。香榧品系的优劣关系到产量与品质。应选择15~30年生、已进入盛果期的青壮树作母本，并且母本要具备结果性能稳定、高产、偏早熟、品味佳、无病虫害的优良品系或品种（如'细榧'优株）作种穗。选取母树结果枝中上部1年生粗壮侧枝作接穗（不取顶穗），在1~2月初剪穗。

（2）种穗的储藏。刚剪下的接穗应放置一段时间嫁接较好，可以促进树液适当回缩，提高嫁接成活率。储藏方法可分为袋藏法和沙藏法。

①袋藏法。如果在半个月内嫁接的可选袋藏。具体方法：剪取接穗后，去除叶柄上的叶片，留顶端叶芽，然后装入塑料袋并扎紧袋口，放置阴凉处。

②沙藏法。若嫁接时间超过半个月，则应采取沙藏。具体方法：选择带泥性的细沙，湿度以手捏而不渗出水、抛掷地面立即散开为宜。选择密闭的地下室或室内泥地，若为水泥地则铺上塑料膜，在地面铺一层15cm厚的湿沙，将种穗（连同叶片）如种植状埋入，上露约3cm的叶梢，储藏时间可达1~2个月。

（3）嫁接。可分为劈接、切接、插皮接、双削面高低位贴枝接等。其中，双削面高低位贴枝接技术由本人发明，并于2014年获国家发明专利（专利号：ZL 201410016587.5）。该技术既适用于1~3年生苗嫁接，也适合大苗高枝嫁接，成活率可达98%，且生长快、不偏冠、操作简便，特别是在大苗高接上可提早投产，接后不需遮阳保护，是目前普遍推广的一种接法。在此，我与大家一起分享它的具体操作方法。其他几种接法请参阅《香榧栽培技术规程》（LY/T 1774—2008、DB 33/T 340—2012）等执行。

①小苗嫁接。选1年生优质无病虫害的粗壮侧枝作接穗，接穗长约5cm，将枝条90%的叶片都抹去，只剩顶端的叶芽，留叶越少越好，然后在叶背方向起刀向下平削至断口，形成长4cm左右的平削面，再在对应面离断口1cm处斜削至

断口，使下端成楔形尖端。选2年生苗为砧木，在离地5cm处剪除上部植株，在砧木离地2cm处起刀回削约2.5cm长的平面，再在平面处向下平削约1.5cm深的切口，整个削面长约4cm。然后将接穗长削面对砧木平削面贴紧插入，一侧皮层对牢，上留0.2cm白口，以利接口愈合，再用塑料条包紧接口，以雨水不渗入为宜。

②大苗高位嫁接。选地径2~3cm的木榓大苗，去顶，在离地面约30cm处向上按四面上下叉开间距留3~5个粗壮枝条作砧木，剪去其余枝条，砧木枝条剪后留桩5cm，在砧木朝上部位向外削2.5cm平面，再在平面处向下平削约1.5cm深的切口，整个削面约4cm。取优质粗壮接穗，留长5cm，削法与上相同，将削好的接穗与砧木削面贴切插入，一侧皮层对准，接穗切口留白0.2cm，然后用薄膜条绑绕扎紧。到7月中旬用小木条或竹片对长高的枝条进行绑扎固定，防止大风或台风刮折，并将接口处的薄膜割裂，防止枝条长粗后被勒伤。

③苗木移植与培育管理。嫁接苗在留床培育1~2年后应进行移植培育大苗。移植后的种苗根系发达，栽种易于成活，返苗快。通过培育大苗能降低小苗上山栽种的管理成本，改变未移植苗单主根与单主枝的形状，促进树冠侧枝的萌发与形成。

移植方法：选择肥沃、透气性好、易于排水的地块，划成1.1m宽的畦作为移植苗床，在畦内撒施石灰进行土壤消毒杀菌。畦间留作业步道（兼具排水作用）。圃地周围挖深30cm的排水沟。然后以株行距50cm×50cm挖种植穴。穴内撒施少量钙镁磷肥拌土促发根。选2+1（2年生砧木，嫁接后留圃培育1年）或2+2（2年生砧木，嫁接后留圃培育2年）的嫁接苗，起苗后剪去过长的主根，单主枝的应摘心促进侧枝萌发，然后将苗木根系放置于生根剂药液中浸泡20分钟左右再进行移栽。移栽时应做到苗正、根舒，使根系与泥土充分密接。苗床保持中间高两边低的形状，防止雨天积水。

移植后管理：移植后，用小竹棒插入植株旁，将弯倒苗扶正并用塑料绳将其固定。然后用腐熟有机肥（牛粪、羊粪、禽粪等堆制腐熟，也可用烧制的草木灰）作基肥，施在植株旁空隙处。最后搭棚遮阳，在5~9月高温时覆盖60%~70%遮光率的黑色遮阳网，入冬时揭去。到8月可施少量氮磷钾复合肥；10月后施过冬肥，以有机肥为主，搭配钙镁磷肥，以促进根系生长；到第二年应增加施肥量，每年施肥3~4次。应薄肥勤施，各种肥料轮换施用。

病害防治：培育的大苗常发生的病害有紫色根腐病与疫病，发病时间为3~10月，6~9月晴热高温为高发期。对此，应及时采取以营林措施为基础，结合药物防治等综合措施进行防治。

（二）香榧园建植与培育管理

1.香榧园建植

香榧适宜生长于海拔200~600m、气候湿润多雾、年平均温度在14~18℃之间、最低温度不低于-12℃的山坡和峡谷，香榧园要求坡度在25°以下，土壤为中性至微酸性、深厚肥沃的沙性土壤。

选择合理的苗木种植会降低管理成本和提高生长速度。如果选择2+1或2+2的小苗种植，不但根系差，生长缓慢，管理成本会增加5~10倍。应选择移植后3~4年的大苗或营养钵大苗，移植过的大苗根系发达，树冠侧枝丰富，种后恢复迅速，易于管理，可缩短投产时间。

（1）整地挖穴。整地分为人工与机械两种，两者各有优缺点，可根据实际情况选用。人工挖穴的优点是有机质含量丰富的表土层不易被深翻到地底下，种后返苗快，缺点是劳动成本略高。机械挖山的优点是减少劳动成本、速度快，并能深挖疏松土壤，其缺点是有机质土被深翻至地底下，前期幼树由于土壤有机质缺失而生长稍缓，如遇少雨天，由于土壤过松会影响成活率，但到后期对根系生长非常有利。

现以人工挖穴种植为例，一般平缓坡地的株行距为5m×5m，坡度较大的为5m×6m（上下距为6m）。穴的大小可根据苗木大小而定，一般应达到1m²以上，深度可根据土壤的深浅因地制宜，土层深的可挖深60cm左右，浅的应挖至穴底露出砂石层为止，但栽种时应将周围的土多堆拢些，以保证成活率。挖穴时表土应堆放于穴的周边，除去乱石与柴草，敲碎土块方便种植。如有充足柴草的可在穴内烧制草木灰，种植时拌入生土再种上树苗，可为香榧成活后提供有机肥料。

（2）栽种。栽种时间可选择在10月下旬至11月底，或开春2~3月。将移植过的2+4或2+5带土球或营养钵大苗运上山，种植穴内无草木灰的可每穴放腐熟有机肥4~5kg，然后覆盖厚3~5cm的泥土，将带土球的苗放入穴内，土球高出地面2cm左右，用表土填满周围空隙，堆至与土球相平时，用脚轻踏压实，再在土球外围散施0.25kg左右钙镁磷肥，促生长发根。然后再向根基覆土成馒头形，高出土球2~3cm（这时候不可压实），保湿防积水，增加存活率。

栽种后，修除下垂至地面的细弱枝、过密枝、重叠枝，留3~5个主株。然后在植株周围用竹竿或小木棍设立4个立柱，高出榧苗20cm左右，在上面覆盖遮光率为70%的黑色遮阳网，四角固定在立柱之上进行遮阳。至10月撤去立柱与遮阳网。

2. 施肥

栽种当年10月，可结合松土扩穴，株施有机肥5kg左右，沟施，覆薄土。成活一年后应增加施肥次数促使其快速生长，每年3~4次，要做到薄肥勤施、深耕浅施，冬施有机肥配合磷钾肥，施肥量约占全年施肥量的70%，春施速效复合肥。坚持以有机肥为主，化肥为辅，轮换使用不同型号的肥料，使土壤拥有合理均衡的营养物质。

进入结果期与盛果期后，施肥的方法与次数不同。幼林以培养其树体结构与加快生长速度为目的，结果树以提升产量为前提。普遍生长正常的成年榧树每年最多施2~3次肥，1次过冬肥作为基肥，占全年施肥量70%，还有2次为追肥。施肥次数及施肥量也可根据树体生长情况进行适当调整，如遇营养不足的弱势树体，可增施一次薄肥。

成年结果树的肥料应以腐熟的羊粪、栏肥、兔粪、饼肥（菜籽饼、茶子饼、豆粕）以及各类禽粪、颗粒有机肥为主，适当配施高效速溶复合肥和磷钾肥等。应选择测土配方，每年的肥料轮换施用，使整个林地保持合理的土壤营养结构。

施肥方法：在香榧采摘后，对林地进行一次深翻松土。松土范围：黄壤土的应在树冠伸展处向内深翻，沙土层的应在树冠伸展以外约30cm处向内深翻，外深内浅，不伤及根系。如果施加羊粪、饼肥与豆粕等有机肥，应在深翻后开浅沟埋入，搭配适量的磷钾肥，然后薄土覆盖。要点：土要深翻，肥要浅埋，反之会因根系触肥而造成损伤。如平坦处应开沟排水预防渍水烂根。

在冬肥施放后，到开春3月追施一次薄肥，应因树而施。对于叶片呈黄色、树势弱、瘠薄坡地、结幼果多的，追施少量高效速溶复合肥，叶片黄色的应加入适量的氮肥，其余生长良好、树势旺的不必追施，否则会因肥量过多、营养过剩造成落花落果。第二次追肥选择6月上旬，此时香榧幼果膨大，生理落果停止。观察榧树，发现结果多、树势生长滞缓、土壤瘠薄营养不足的可追加一次少量的高效速溶肥。到9月上旬香榧采摘前几天撒施一次颗粒有机肥加中量元素肥，使香榧树在果实采摘后能及时补充营养，为翌年的增产增收打下基础。

3. 整形修剪

可分为幼树修剪与成年结果母树修剪。由于幼树以培养树体结构为目的，结果树以增加结果率增产增收为目标，所以修剪的方法有差异。

（1）幼树修剪。根据幼树树势的不同可选择3~5个生长健壮、分布合理的分叉枝条作为主枝培育，分布角度不合理的可通过拉枝进行调整。每年冬季至开春，以1年生枝条作为目标，按照"剪细留粗、剪密留疏"的原则，每个主枝留2~3个侧主枝，每个侧主枝再留2~3个粗壮的次级侧枝，少留内膛枝，如此逐年修剪，使主侧枝不断向外扩展延伸，形成结果枝分布均匀、树冠立体均衡的开心形树体，为高产增收创造条件。

（2）成年母树修剪。在树龄达14~15年后，香榧进入盛果期，此时也是树势生长旺盛期，为确保高产稳产，修剪尤为重要。成年树与幼树修剪法不同，幼树留粗壮枝条是为了加速树冠形成，而粗壮枝是营养枝，会消耗营养影响结果，是造成减产的因素之一，因此结果树修剪需遵循"剪粗留细"原则，其目的是增加结果，具体修剪方法是剪去1年生粗壮枝，留细枝，剪去病残枝、交叉枝、重叠枝、过密内膛枝、徒长枝。如严重偏冠徒长的，可对枝条进行短截或摘心，保持树体均衡生长。

（3）环剥与拉枝。香榧进入产果期后，一些生长过旺的树体，通过修剪达不到理想结果效果的，可进行环剥和拉枝改变结果性状。

环剥：在2月上中旬的晴天进行操作。选择生长最为旺盛的榧树，在每个较大的侧主枝距离主干20cm左右（要选空段处，有利操作，若非可适当调整位置）上下面对应处各割两刀，宽度为树枝直径的1/10，左右两侧留皮为周长的1/5。挑去刀割中央表皮至木质部，然后用塑料膜包扎割口。当年伤口即可愈合。

拉枝：一些较直立的外围侧枝会影响内部的结果性状。如果外围空间大，可通过拉枝来改变内部光照空间，而被拉弯的枝条顶端营养回流，增加结果性能。方法：在枝条下方打一个木桩，用绳索一端缚住枝条上端，将枝条向下拉弯70°~80°后，将绳索另一端缚于木桩固定。此时，枝条形似弯弓状，各枝条依次拉弯固定，在结果进入正常状态可解除绳索。

4. 人工授粉

人工辅助授粉可显著提高香榧坐果率，是提高香榧果实产量和品质的重要技术措施。

（1）花粉采集。香榧雄花蕊在上一年的5月中旬形成至翌年的4月中旬撒粉，时间长达1年。根据开花的时间，可分为早、中、晚三个品系。人工授粉宜选择早花，自然授粉则应选择中花种植。早花采摘时间为4月8～12日，具体时间因各地气候条件不同而有差异。花粉采集方法可分为室内催熟采集法和室外套袋采集法两种。

室内催熟采集法：4月8～12日勤观察，发现有花粉粒膨大、下垂即表明要进入撒粉状态，可在晴天的早晨或傍晚，待露水干后，选择密生花粒的花穗，用剪刀剪下（如花穗顶端有顶芽的不可采摘，保证明年的花源），带回室内摊放催熟。可选竹匾摊放，竹匾内先铺一层干燥而洁净的白纸或报纸等，然后将采回的花穗摊铺于纸上，不要堆太厚以防发热影响花粉质量，然后将竹匾置于通风良好的房间内，室温保持25℃以上，如遇阴凉天气可用灯光或空调增温，白天开窗通风，每天上下翻动一次，换掉受湿的纸张。如有撒下的花粉，应另行收集薄摊。摊放2～3天后，可将花粉抖落，然后用粉筛筛去杂质，将收集的花粉薄摊于白纸上，每天换一次白纸，防花粉因潮湿结块降低活性。普遍成熟采摘的花粉经过两次撒抖就采集完成。花粉在摊放2～3天后就可用于授粉，如因天气等原因导致未能及时授粉的，可将晾干后的花粉装于干净的玻璃瓶或塑料罐内，放置0～5℃冰箱内保藏待用。花粉在室温下放置时间过长会降低活性。

室外套袋采集法：准备干净的塑料袋，于晴天露水干后，选择即将撒粉的雄树，在密生花粒的枝条上套入塑料袋，然后用绳扎紧袋口，整棵树依次操作，在中午前后花粉盛发时用手抖动花枝，待花粉撒落沉淀时将袋取出，换上新的塑料袋重新套袋进行下次采集。将采回的花粉按照以上方法晾摊处理待用。

（2）授粉。雌树的花蕊形成和开花期与雄花大致相同，授粉期比早花品系迟5～6天。在接近雌花授粉前，应密切观察雌花发育状态，可在晴天露水干后对着光照方向，发现密生于花穗上的小颗粒尾端有晶莹透亮的圆珠状露珠（蜜露，通常在清晨露水干后、温度升至16℃以上才能显露）时，表明雌花柱头进入可授粉期。此时应每天勤加观察，一般从1～2滴蜜露出现（初露）开始到70%～80%的柱头出现蜜露（盛花期）需3～4天，此时正是开展人工辅助授粉的最佳时机。人工授粉方法可分为喷雾法和撒粉法两种。

喷雾法：适合15年左右树龄的林地。取花粉30~40g（如粉量充足可适当增量），与纯净水约15kg（喷雾器一背包）混合均匀，在露水干后花粉滴露出时进行喷雾授粉。为节约花粉用量，喷雾时只对准花蕊，不要喷其他无花枝条。

撒粉法：适合20年以上、喷雾法难以喷到的大树。首先，取一塑料瓶，旋紧饼盖，用剪刀剪去饼底，然后将花粉盛入瓶内，用2~3层纱布封住被剪一端，用线缚紧固牢，另一端用绳固定在长竹竿上，然后在树的迎风方向对着花枝轻摇摆动，花粉随风飘向授粉树。如授粉成功，蜜露就会收缩，隔几天观察一遍，如发现蜜露还有很多，需进行一次补施以达到理想的授粉效果。

正常气温的年份授粉时间为4月13~17日，但雌花期受地区、海拔、气候等因素影响较大，碰到极端低温天气会延期到20~24日，同一区域不同海拔高差的基地，其授粉时间相差3~5天。所以授粉时间要实地观察，因时而作。

5. 病虫害防治

香榧常见的虫害有香榧细小卷蛾、香榧瘿螨（红蜘蛛）、香榧硕丽盲蝽、蚜虫、蚧壳虫类（矢尖蚧、白盾蚧、角蜡蚧、粉蚧等）、绿蝽、红蝽、铜绿丽金龟、东方绒金龟、星天牛、红天牛、黑翅土白蚁等，常见病害有香榧细菌性褐腐病、香榧疫病、香榧紫色根腐病、绿藻、苗木立枯病等，应及时采取营林、生物、物理、化学等综合措施及时进行防治，避免对香榧产量、品质等造成影响。

（三）香榧的采摘与炒制加工

1. 采摘

香榧从上一年4月开花结果至翌年9月上旬成熟，生长周期达17个月，在9月采摘成熟榧果时，可同时见到当年4月坐果的幼果和将在翌年开花的花苞，呈现一树"三世同堂"的奇观，极其罕见，更显弥足珍贵。

同一棵树上的香榧果成熟有早有迟，宜待果实完熟开裂后分批采摘，完熟一批采摘一批。完熟采摘的香榧籽经炒制加工后，种仁饱满、松脆、香甜、有回味，并且种仁包衣易于脱落。未成熟的香榧采摘后外表皮不易去除，在堆制过程中易腐烂，经炒制后种仁不饱满，包衣脱落难，食之硬韧，不松脆，品质低下。采摘下来的香榧必须放置于竹箩、竹篮或箩筐中，避免使用编织袋，防止运输过程中造成发热而影响品质。禁止在雨天采摘，如遇极端雨水天气，应将采摘的青果薄摊晾干水分。经过3~4批次的采摘，最后剩下少量的青果就一次性采下，将未完全成熟的青果挑出进行二次堆制催熟，厚度15cm左右，催熟时间5~7天，以种核与表皮易分离为宜，倘若表皮不易分离的为嫩果，应拣出丢弃不用。

2. 脱皮与堆制

（1）脱皮。成熟采摘下来的香榧青果应及时脱皮，如果放置过久，假种皮会腐烂，造成种仁渗入果皮精油而影响品味。脱皮方法分为手剥与机剥两种。

手剥脱皮：即用手工剥去香榧青果的外种皮，其优点是香榧籽色泽黄亮、无损伤，品位与外观俱佳；缺点是生产成本高，适用于量小的操作。要点：由于刚采摘的香榧青果外表皮略硬，对剥皮速度与干净度造成影响，需放置1~2天，待果皮转软后开剥，这样容易操作，且果仁干净、杂质少。

机械脱皮（机剥）：种植规模大，采摘下来的香榧果量也大，一般人工手剥是达不到脱皮要求的，需采用机械脱皮。机械脱皮的优点是速度快，节省劳动成本，避免因堆积而导致产品变质；缺点是脱皮过程中会出现少量的籽粒损伤。但从今后的生产规模与量产考虑，机械脱皮是首选。要点：刚采摘完熟的香榧必须放2天左右，待果皮转软而易于脱除时开展机械脱皮。在机剥时，漏斗下面的控制闸不要放开太大，过大会造成流入量大，机械内胆与榧果挤压碾轧造成果壳损伤、果皮与果仁分离不干净，所以要控制适度的流入量，才能实现种子干净且不损伤。

（2）堆制。香榧脱皮后需进行堆制，也称为堆沤后熟。堆制的主要环节掌握得好与不好，直接关系到香榧的整体质量和口味，堆制的厚度与翻堆间隔时间与次数以及种仁的湿度都是关键。后熟的作用是通过一定的条件创造种仁代谢活动，引起单宁沉淀，从而达到脱涩、脱衣和增香效果。

堆制场地选择：最好选择密封度好的水泥结构地下室。如果场地面积满足不了堆制需要的，经本人几年的试验实践，已成功推行"箩筐层叠堆制法"，解决了堆制场地短缺的难题。

地面堆制法：香榧籽脱皮后，应按采摘期的不同进行分批堆制，以方便先堆制成熟的先加工，避免前后混杂影响产品质量。手剥的香榧籽可直接堆置于保湿度好的泥地或水泥地，水泥地应先洒水让其湿透后用拖把擦干表面水分，然后铺堆香榧籽。机剥的温度过高，应先进行晾摊，以免表皮精油过多内渗而影响口味，待种子湿度达90%左右时再堆制，雨天拣的香榧籽也必须晾摊至同样湿度。先堆制的厚度为15cm左右，经几次翻推后厚度再增加。上覆遮盖物用以保湿，选择保湿度与透气性好的稻草草帘及麻袋等，覆盖前应用水淋湿，以水不滴下为宜。

笋筐层叠堆制法：购置高度30~35cm、长宽40cm×50cm（大小可按需而定）的塑料笋筐，四面与底层密封。制作木板条或竹片条子，厚度2~2.5cm，宽4cm左右，长度45cm（长出笋筐宽度约5cm），每个笋筐备两根作隔层用。购置45cm×55cm规格的麻袋，每筐配置一只。

堆制时，每筐放置香榧籽厚度为15cm，抹平，取浸透水的麻袋，甩去水滴，覆盖于香榧籽表面，四周压严，然后用木条或竹片条横放于笋筐两边，将堆放好香榧籽的笋筐往上叠加，上下筐对齐，中间木条相隔处为透气层，防止密闭不透风造成霉烂。如此层层叠加，可增至4~5层，每批次剥出的香榧籽用标签标明日期，同批次放置一旁，方便按批翻堆及清洗加工。第一次堆下的第二天检查，如温度适当可在翌日翻堆，若温度过高应即日翻堆以降温。翻堆时只用一只空笋筐切换就可，将堆制的筐内香榧籽上下搅拌几下，使其干湿均匀，然后提起笋筐将香榧籽翻倒至空筐中，上层的翻到底下，底层的换到上层，然后将麻袋重新喷水调整至适当的湿度覆盖。

堆制时间：香榧籽堆下后，室温保持20~25℃，前期一周内是种仁发酵转化的关键节点，应勤翻堆。第一次翻堆应在堆下的第二天去观察，用手插入种子感觉微热便可在翌日翻堆，如果过热必须当日翻堆以降温。第二次隔2~3天翻堆，第3次隔4~5天，此时种仁已无热量，应增加厚度至25cm左右。此后隔一周翻堆一次，到25~30天取香榧籽剥开验视，种仁包衣由刚堆下时的红色转为黑褐色，食之不涩就可清洗晒制。

3.清洗晒制

香榧籽堆制后熟完成就要及时清洗晒制，如时间超过35天后就会发芽而影响品质。

（1）清洗。清洗地点应以不污染水源为前提，清洗下的种皮碎末应引流至准备好的处理池。清洗应选择在晴天进行，工具为滚筒式机械清洗机。

清洗要点：将后熟完成的香榧籽装入笋筐等工具内，在清洗前将筐内香榧籽用水淋湿淋透，放置半小时，让依附在籽壳外的外种皮碎末湿透而悬浮，利于在清洗时省工且干净。在清洗机接入电源后，将筐内香榧籽装入滚筒内，每次约50kg（机械型号不同，清洗的装填量也不同），然后打开顺序开关启动清洗，用勺或盆等工具向内泼浇第一次水，让其滚动5分钟左右，然后再依次泼水淋水，每隔2~3分钟泼洒一次。观察水滴清白无浑浊就清洗完成。然后倒出，翻籽，再用水淋一下，保证清洁无污渍。整个清洗过程15~18分钟。

（2）晒制。晒制是香榧炒制前关键一环。晒制的香榧籽干湿度是否均匀以及水分含量多少，都会直接影响到炒制成品香榧的质量，如脱衣度、松脆度及香味等，所以要严格把关。晒制的场地应选择向阳、光照充足的水泥场地。晒制用具有竹簟、塑料编织网等。

晒制操作要点：选择晴天，在早晨8:00左右开始摊晒，摊晒用工具为谷耙、铁丝制作的铁丝耙。刚摊晒的香榧籽必须勤翻，每隔半小时翻一次，耙平，颗粒之间不能重叠，勤观察防晒裂。到10:30后，光照足，温度高，种子湿度蒸发快，种壳收缩迅速，易造成开裂，就需覆盖2~3层黑色遮阳网。到下午3:00揭网复晒。到第二天上午摊晒后勤观察，如发现有几颗尾部有细裂纹就应遮盖，中午遮盖2~3小时，下午2:00后揭网复晒，此时果壳水分已晒干，内种仁与壳有少量分离，后期翻晒不会出现裂壳现象。待第三天晒制后，种子水分保持20%左右，剥开果壳验看，果仁微软、内呈白色时，趁太阳落山前收储仓库。装袋时应使用透气的麻袋或塑料编织袋，扎紧袋口放置2天，让种子之间自然循环，保持均匀干湿度。如遇下雨，应摊开放置避免霉变。到炒制前一天再次进行晒制，但必须有充足的光照，待种子水分达到10%~12%时就收拢装袋，此时剥开检查，种仁内呈微黄，从软转微硬，食之有清香带甜味。放置一夜就可炒制，这样晒制出的香榧具有果肉松脆、香甜、种仁包衣易脱落等优点。

4.炒制加工

香榧的炒制加工包括筛选分级、第一次烘炒、盐水浸泡、第二次烘炒、后期加盐、出锅摊凉、包装等工艺流程。

炒制间的工具配置包括不锈钢机械烘炒锅、长方形不锈钢网眼箩筐或塑制网眼箩筐（浸泡用）、网眼不锈钢摊凉床、网眼不锈钢流筛（与炒榧机相配对）、塑制或不锈钢铁皮畚斗若干、网眼捞勺、竹制长柄撬若干、搅拌棍（一端安装草刮状的方形铁板）、长柄塑制或钢制阔铲、浸泡池等。同时，配置各类开关、照明灯、应急灯、消防器材等。准备好木柴、颗粒复合料、液化气等燃料。

（1）筛选分级。为了保证炒制的香榧松脆度均匀一致，在炒制前应选择机械筛选分级，分出大、中、小三级，并拣去黑籽与变质籽，分批炒制。

（2）炒制加工。

①浸泡盐水配制：以食用精盐与水按13%~15%的浓度调制（因口味不同可适当调整），配置的盐水倒入浸泡池。

②第一次烘炒：以每锅炒干果65kg、成品57.5kg左右为例。粗盐25kg+细盐10kg，先装入炒锅内，启动机械，添柴烧火（木柴与颗粒料任选），柴应以粗柴块为主，用鼓风机助燃。待旺火烧至半个小时左右、锅内的盐砂有"噼啪"之声、锅壁温260~280℃时，说明盐已炒热炒烫，此时将香榧籽入锅烘炒，用搅拌棍搅拌里外推送，使盐与香榧籽之间分散且混合均匀，里外热度相似。待炒至9~10分钟时，锅内透出微香，立即关闭鼓风机，卸去柴火，剥开果壳验视，种仁转硬、包衣易脱落，即时出锅（第一炒不能炒太过，如炒到黄色，浸泡后会显老色，增加第二次炒制的难度，并影响品相与口味）。出锅后立即放入浸泡池内浸泡。上面盖板压实防其浮出水面，浸泡1~2分钟，立刻提起放置沥干水分（盐水浓度高的可缩短浸泡时间）。

③第二次烘炒：先将火烧旺，将沥干的香榧籽放入锅内翻炒，先不放入盐砂，让其烘炒5~6分钟，观察其表壳水汽蒸发略露白色时添加盐砂烘炒。用搅拌棍将盐砂与香榧籽搅拌均匀。待旺火烘炒至20分钟左右，壳面盐砂脱落，有微香味从锅内透出，剥壳验视，榧仁由软转硬。此时锅内温度最高，应关闭助燃鼓风机，降低火温，添加细盐2.5~4kg，搅拌均匀，烘炒2~3分钟，锅内透出浓香味，剥壳检验，若种仁呈淡黄色、小数转黄色就立即出锅，反之则再烘炒几下。出锅后立即薄摊降温，上下翻动使其散热均匀防老化。如果尝食发现稍欠火候，应堆拢覆盖催熟5~6分钟。香榧籽凉摊至微热时收拢装袋，要用严密不漏气的食品塑料袋，袋口扎紧密封放置2~3天再包装，此时香榧的脱衣度、松脆度与香甜度达到最佳。

④炒制要点：第一次烘炒要旺火烧锅至高温时才能放入香榧籽，并拌匀香榧籽与盐砂的匀度，如果锅温未达所需温度，会使炒制时间拉长，造成种仁包衣脱落难、松脆度硬韧。浸泡时间要根据盐水浓度调整，咸的应缩短时间，反之则长。第二次烘炒先不放盐燃炒至壳显白色（减少盐斑粘附提高品相、调整干湿度、增进脱衣度、均匀松脆度）。出锅前4~5分钟添加细盐烘炒（降低锅内温度，减除壳面盐斑，避免种仁因高温导致的老焦），卸火降温防老焦，出锅摊凉应及时。

专家点评

　　胡冬益是一位勤劳朴实的林农，生于大山，长于大山，出身贫寒，经历过饥寒交迫的苦日子，但他却从未向苦日子低过头服过输。他总是脸上漾着笑，心中充满希望，对一切新鲜事物都想尝试。他从"七山二水一分田"的乡情出发，先在笋竹两用山的培育上崭露头角，大获成功，后因机缘"恋"上了香榧这棵"摇钱树"，从此一发而不可收，走出了一条专业化合作种榧之路，成为引领山村百姓共同致富的带头人和远近闻名的香榧土专家。他的创业故事正如他在这里写下的文字一样，没有感叹创业时的艰难险阻，更没有成功后的高谈阔论，娓娓道来，如山涧泉水般清纯，平凡中却回响着一位山村农民执着追求幸福的沉稳脚步声，也闪耀着每位中国普通百姓坚定憧憬美好生活的共同信念！

点评专家：李修鹏

鲁孟军

　　鲁孟军，男，1969年3月出生，浙江省宁波市海曙区人，中共党员。从小就耳闻目睹茶事，对茶叶有茶性天赋。2013年被评为宁波市劳动模范，2014年被聘为宁波市林业乡土专家，2015年获评为宁波市非物质文化遗产代表性传承人，2018年被中国林学会聘为中国林业乡土专家。其创办的企业——宁波市孟君茶业公司2012年被评为宁波市林业龙头企业。

踔厉奋发在茶叶王国

鲁孟军

一、创业历程

（一）从高山向滨海创业

1991年春天，时年21岁的我只身从高山杖锡乡（现海曙区章水镇）来到滨海北仑区三山乡（现春晓街道）供销社做茶叶师傅，从采茶、管理到加工，经过一段时间的工作、交流，给大家留下了一个勤奋、踏实的印象。1993年，在三山乡慈东村承包了20亩土地种植茶叶，并在家里购置了一套制茶设备，开始了家庭作坊式生产，由于当时是创业初期，因此能自己干的事情都是我们夫妻俩自己干，当时既要做茶叶又要向农户收购鲜叶，既要采茶又要施肥、除草，在春茶、夏秋茶空档期还向附近的茶厂收购干茶卖给精制茶厂赚些许差价，而这样忙忙碌碌一年下来也攒不了几个钱。

（二）从传统粗制茶转向名优茶开发

1997年，我承包了慈东村的初制茶场，当时还是以生产粗茶为主，但也有少量客户有名优茶需求，由于当时对名优茶概念不深，知之甚少。因此，在新昌珠茶师傅的建议下买了2口龙井锅，开始了边实践边摸索的过程，由于一开始从杀青到干茶成品全凭一双手在铁锅中不断变换手法炒制而成，因此需要炒茶者有丰富的经验，而当时由于对炒名优茶技术的缺乏，即使搞得双手满是水泡也做不出满意的茶叶。为了学习名优茶制作技术，我常去各类茶博会参观考察。一次，在杭州茶业博览会上，有幸结识了一位既懂茶叶又做茶机的陈宝根教授，他是中国农业科学院茶叶研究所退休教授，听着陈宝根教授对制茶技术和机械制茶独到的见解很是钦佩，于是趁机拜师，虚心向其请教制茶技艺，还把陈宝根教授邀请到我自己的茶厂，帮助做茶厂的发展规划，同时他又将茶叶的采摘、摊放、杀青、干燥等一系列制茶技术毫无保留一一相传，并从外面买来一些机器零件制成了第一套机械制茶设备。为了能使名优茶做到色、香、味、形俱佳，最大程度满足消费者的需求，我们俩夜以继日经过不断试验、改进、探索，终于达到了满意的效果。

（三）扩规模创品牌

茶叶基地从小到大，在1994—2006年，我先后承包了咸昶村、慈峰村、上横村、双师村东盘山及瑞岩寺等480余亩荒山及老茶园。公司厂房也从原来的慈东村搬到了交通、信息更为便利的咸昶村。不断丰富茶树品种，引进'乌牛早''迎霜''龙井43''平阳特早''香山早''安吉白茶''金观音'等茶树品种，并对各个品种的性状进行比对和分析。

2001年3月，成立了宁波市北仑孟君茶业有限公司，并申请了"mengjun"作为三山玉叶茶叶商标。在全国"中绿杯"名优绿茶评比中连续三年获得金奖，并在2005年中国济南第三届国际茶博览会上获得金奖。2007年，在"宁波市八大名茶"评比中，获得"宁波市八大名茶"称号，并在以后的"中绿杯"名优绿茶评比中连年获得金奖。同时，组建了东海春晓茶叶专业合作社，把当地有意向的茶农联合起来，以孟君茶业公司为龙头，带动合作社的茶农实实在在享受到了品牌的效益。在共富路上，由一片茶叶致富，谱写振兴乡村新篇章。

二、致富诀窍

（一）引进好品种

随着人们生活水平的提高，名优茶已被越来越多的人所青睐，而名优茶产业也越来越受到政府的重视，为了提升名优茶的品质、扩大宁波市名优茶的知名度，引进'安吉白茶''金观音'等茶树优良品种，'安吉白茶''金观音'2个品种于2007年10月上旬引种，'安吉白茶'成活率90%以上，'金观音'80%左右。定植1年后，'安吉白茶'树高39.5cm、冠幅20.7cm、茎粗0.43cm；'金观音'树高37.8cm、冠幅20.5cm、茎粗0.43cm。'香山早1号'2007年11月上旬引种，成活率95%以上，定植一年后，其树高42.8cm、冠幅23.4cm、茎粗0.48cm。

3个品种的生长势良好，表现出对北仑地域环境较强的适应性。尤其是'香山早1号'，不仅长势旺，而且属于典型的早发品种，据观察，其萌芽期与特早生品种'乌牛早'几乎相当，最多差1~2天，比'龙井43'等早发品种早7天以上。由于其芽叶较肥壮，'香山早1号'茶树鲜叶适于炒制各类绿茶，尤其是早春名优茶，最适于加工扁茶或芽茶风格。'安吉白茶'春季白化，具有高氨基酸、低茶多酚的自然品质优势，茶形、色漂亮，赏心悦目，口味鲜美，质优价高。至于'金观音'品种，生产实践表明，该良种具有"绿、乌"兼制这一优异性状，春茶早期制名优绿茶，春茶后期及夏秋茶制乌龙茶。这一生产模式，充分利用了制绿茶以细嫩原料为优、而制乌龙茶以相对粗老的成熟叶为佳，绿茶以春茶品质最好、而乌龙茶以秋茶质量最优这一特点，通过茶类组合生产和生产资源的合理配置，不仅能延长高档茶叶的生产季节，缓解采茶用工过于集中这一矛盾，稳定采茶劳动力队伍，还可作为一种集约化的生产方式，能最大限度地发挥茶园的综合生产效率。总之，3个品种尽管各有物色，但均有其经济性状优、利用价值高的特点。

（二）繁育好茶苗

茶树良种壮苗是成就高品质茶叶的关键。为了提高茶树种植的成活率并实现快速投产，必须把好茶苗的扦插、育苗技术一关。

1. 选址和苗圃地的整理

选择靠近水源的平地，深翻25~30cm，扦插前做成长10~20m、宽1m、高10~15cm的畦，畦面施腐熟饼肥0.15kg/m²，畦面上铺一层3~5cm厚的细土，按8~10cm行距定好扦插行。畦四周设畦沟，畦沟底宽0.3 m。

2. 扦插时间

于每年10月下旬进行扦插。

3. 插穗

从本公司茶园就近茶区选择合适的扦插枝条供应园，剪取当年生预先经过黄化处理的半木质化的棕红色枝条，在阴凉处剪成短穗。扦插的品种有'金观音''千年雪''安吉白茶''迎霜'等。

4．扦插

把剪好的插穗下端放在生根粉溶液中（1g ABT 生根粉2号加酒精500g、清水500g）浸30秒左右，然后按1cm 株距将插穗直插入土中2/3左右；每亩插22万穗左右。

5．苗床的双层覆盖技术

在扦插后的苗床上方搭设小拱棚，覆盖薄膜加70%遮光率的遮阳网。运用此项技术可以大大减少前期用水，节约用工，保证茶苗安全过冬。

6．扦后管理

扦插后管理包括浇水、施肥和病虫防治等方面。

（三）建设好茶园

1.园地选址

选择靠近水源连片的低山缓坡地，要求土层深厚、土质疏松且土壤的pH值为4.5~6.0。

2.整地

进行全垦整地，整地时间于秋冬季进行，利用机械进行全面垦覆深翻，深度达到40cm以上，将表土、肥土翻入底部。

3.施基肥

深施底肥，每亩施饼肥200kg、复合肥150kg、磷肥50kg。

4.适当密植

实行宽行密株，行宽167cm，双行条栽，丛距33cm，每窝2~3株，每亩栽植7000株左右。

5.种苗品种搭配

包括'安吉白茶''千年雪''金观音''迎霜''香山早1号'等品种。

6.种植后管理

包括浇足定根水、及时覆盖地膜、提高成活率以及定型修剪等方面。

（1）施肥。基肥：每亩施有机肥1000~1500kg，过磷酸钙15~25kg，硫酸钾10~15kg。可结合冬季茶园耕锄后进行，做到深施和施足，施肥后应及时覆土。

追肥：一般在各季茶树茶芽萌发前施用。全年追肥3次左右：第一次在3月中旬；第二次5月下旬；第三次在8月中旬。每亩施复合肥共30kg，N：P：K的比例以3：1：1为宜，幼龄茶园适当增加磷、钾肥的比例。在坡度较陡茶园覆盖地膜以抑制杂草生长，增强土壤的保水保肥能力。

（2）修剪。幼龄茶园定型修剪：定植一年左右，树高35cm，主茎粗0.5cm以上，即可进行第一次定型修剪。树冠培养过程应修剪3次左右，第一次修剪剪口离地面高度10~15cm，第二次20~25cm，第三次30~35cm。每次剪后要加强耕锄、肥培管理，防治病虫害，严格留养。轻修剪：成年茶树，每年进行1~2次。平剪或带弧形剪，剪去树冠表面鸡爪枝、细弱枝、病虫枝和突出枝。每次修剪深度比上次剪口提高5cm左右。

（四）研制好工艺

为了提高品牌"三山玉叶"的茶叶品质，在现有稳定基础上继续发力，先后开展了连续化加工技术的研究。通过一系列工艺试验，对"三山玉叶"的机制工艺进行了优化，并制定了一套"三山玉叶"连续化加工技术规程。各工序环节的技术要点及工艺参数如下。

1. 摊放

鲜叶进厂要分级验收、分别摊放，做到晴天与雨（露）水叶分开，上午采的叶与下午采的叶分开，不同品种、不同老嫩的叶分开。摊放场所要求清洁卫生、阴凉、空气流通、不受阳光直射。摊放厚度视天气、鲜叶老嫩而定。春季高档叶每平方米摊放1kg左右，摊叶厚度20~30mm，中档叶40~60mm，低档叶不超过100mm。摊放时间视天气和原料而定，一般6~12小时。掌握"嫩叶长摊、中档叶短摊、低档叶少摊"的原则。摊放程度以叶面开始萎缩、叶质由硬变软、叶色由鲜绿转暗绿、青气消失、清香显露及摊放叶含水率降至（70±2）%为适度。

2. 杀青

杀青温度：以锅温150~180℃为宜；杀青时间：滚筒杀青从入筒到出筒时间1~1.2分钟；杀青投叶量：每小时25kg摊青叶。杀青失重率：15%~22%。

3. 理条

理条温度：杀青叶下锅温度以锅温110~130℃为宜；投叶量：高档叶每槽100~150g，中档叶100g左右，低档叶每槽不超过100g；加棒加压：当芽叶基本成条、手捏不黏时，将轻压棒投入槽内压炒30秒左右，后把轻压棒换成重压棒，再压炒1~2分钟后取出。理条加棒不能过早，前期加压不能过重，压炒时间不宜过长，以免茶叶色泽变暗、茶条过扁及产生搭叶。当叶质变软、折梗不断、基本成条、清香显露及茶叶含水率降至40%左右时，即可出叶下锅。

4. 筛分

理条叶摊放回潮30~60分钟后，用孔径7~8mm的筛子分筛，筛去片末。

5. 辉锅

辉锅温度要求相对稳定，以100~120℃为宜。具体掌握：开始锅温稍高，而后慢慢降低，至出锅前略为升高；投叶量：辉锅每锅200g左右。加压：辉锅加压应掌握"轻—重—轻"原则，即前期加轻压、中期加重压、后期加轻压。加压程度可通过调节茶锅与炒手的位置来实现。炒制时间为5~7分钟。通常情况下，叶子越嫩，失水速度越慢，炒制时间也就稍长一些。

6. 足干提香

提香温度以80~100℃为宜；工效为5~15kg/小时；提香时间为15~25分钟，炒至足干（含水率6.5%以下）时取出。

该连续化生产工艺所需要的机械设备包括鲜叶自动化处理机组、新型清洁能源杀青机组1套、6CM-43电热理条机、6CM-75微电脑控制扁茶炒制机及6CM-48辉锅提香机等。其中，作为最新机型的6CM-48型名茶辉锅提香机主要适用于名优绿茶的辉干、提香作业，辉干后的茶叶，色泽均匀，芽叶完整，扁平光滑，水分可低于5%，茶叶香气明显提高。该机能够实现自动控温、电子计时，操作使用十分方便。该机成功解决了扁形机制在辉锅阶段易碎这一大难题，性价比极高。

鲜叶自动化处理机组即为茶叶控温控湿摊青萎凋装备机组。该装备系统通过加热升温、制冷降温、冷凝析出除湿、加湿等功能调节摊青、萎凋环境，实现了鲜叶环境温度、湿度、时间的精准控制，可同时应用于鲜叶摊青和红茶萎凋作业，不用人工翻叶，提高了茶叶品质和生产效率，是非常有效的鲜叶品控的前处理设备，对实现茶叶标准化、连续化和自动化生产具有非常重要的作用，满足立体摊放和设施摊放的条件，符合现代茶叶先进技术的发展方向。

新型清洁能源杀青机组包括6CST-80型杀青机1台、生物颗粒燃烧机2台、风力冷却提升机1台。该套杀青机组相较于传统以木柴或煤为燃料而言，所采用的生物质颗粒燃料为新型清洁能源燃料。生物质颗粒燃料利用农林废弃物为原材料，经过粉碎、混合、挤压、烘干等工艺，制成各种成型（如块状、颗粒状等）的、可直接燃烧的新型清洁燃料，其优点是充分利用生物质能源替代煤炭，减少CO_2和SO_2排放量，有利于环保和控制温室气体的排放，减缓气候变暖，减少自然灾害的发生。

6CM-75微电脑控制扁茶炒制机设备包括全自动扁形茶炒制机12台、自动配料装置1套、自动出料输送机12台、自动出料尾部提升机1台。该成套设备是基于全自动扁形茶炒制机的基础上，通过红外线传感器和智能终端集中管理技术的应用，采用智能小车定量定点输送茶叶到每台制茶主机，采用自动出料输送机和尾部提升机自动输出茶叶，从而实现多机联合生产。

（五）创制新产品

随着茶叶消费市场需求的日益多样化及销售渠道和人们消费需求的转变，原先单一的名优绿茶已经不能满足市场和消费需求，名优红茶的市场需求量日益提高。如今，以福建省"金骏眉"为代表的新一代红茶产品取得了巨大的成功，再次振兴了曾一度萎靡的中国红茶市场。由于公司一直重视名优绿茶的开发和研究，缺乏对红茶产品的制作技术，名优红茶的产量和质量远远不能满足市场需求。因此，引进名优红茶型品种和名优红茶加工技术，是企业寻求经济增效突破的途径和产品转型升级的机遇。为此，公司抓住机会，着眼未来，决定开发红茶新产品，并制订了新产品开发计划，并设立由技术骨干组成的研发小组。

刚开始，公司用原有的夏秋茶'乌牛早''鸠坑''龙井43'等绿茶品种试制红茶，并对传统的红茶加工工艺作了一定改进，用"重萎凋、轻发酵"的方法加工。经过近一年时间摸索，不断优化工艺方案，尽管加工技术已掌握到位，但由于品种限制，制成的红茶产品品质不尽人意，滋味带有青涩味，不耐泡，且香气不突出，难与"金骏眉"等高档红茶相媲美。针对这一情况，公司研发小组人员并没有气馁，而是认真总结经验，继续协力攻关。一方面，利用公司茶园基地引进品种多、良种化基础扎实的优势，对不同品种试制红茶的品质进行比较、筛选；另一方面，根据自由基品质化学理论和当地鲜叶原料品种和自然品质的特点，通过引入新的加工理念和技术手段，参照以"金骏眉"为代表的红茶的特色加工工艺和相关设施作进一步完善和提升。北仑区农林局（现北仑区农业农村局）等相关部门了解这一情况后十分重视，专门邀请浙江大学茶学系有关专家来公司进行指导，将理论与实际相结合，找到问题的症结，同时对改进红茶加工关键工序——萎凋和发酵的均匀性上下足了功夫，增加了红茶足干后的"慢焙"工艺。每次工艺试验都精研细讨，逐步优化工艺方案，使得试制的产品品质有明显提高，彻底去除了茶汤的苦涩味。同时，经过反复比较得出结论：'金观音''福丁白毫'等品种与'乌牛早'等绿茶品种比较，鲜叶芳香物质含量较多，所以，以这些品种鲜叶原料制成的红茶花香浓郁，品质几乎能和福建高档红茶相媲美。经过对多次试验结果的总结，最终形成优化的工艺方案，并制订相应的生产技术规程和加工技术规程。2014年4月，公司开发的高端红茶产品终于面市，并受到消费者青睐和业内专家的好评。在宁波市红茶评比活动中多次获得金奖，同时名优红茶机械化生产技术研究与推广荣获宁波市农业实用技术推广奖二等奖。

（六）"三山玉叶"红茶加工技术秘诀

1. 萎凋

鲜叶原料必须符合肥壮、完整、新鲜、均匀的要求。把茶青均匀地摊在竹筛上，摊叶厚度为1~2cm，时间为15~24小时，萎凋程度较重，失水率达60%以上。

2. 揉捻

采用45型揉捻机揉捻，一般揉捻时间为30分钟，较老的叶子可适当延长时间；揉捻前10分钟不加压，第10~20分钟加压，后10分钟减压；揉捻后进行解块筛分。

3. 发酵

发酵的叶温一般保持在30~35℃为宜，室温在31℃左右为佳，湿度保持在90%以上。揉捻好的叶子置于专用的发酵间发酵，以便控制温度和湿度；发酵间保持空气新鲜流通，有足够的氧气进行发酵。摊叶厚度一般为20~35cm，发酵时间一般为3~6小时；宁波特色红茶发酵程度较一般工夫红茶轻，所以汤色金红明亮。

4. 干燥

采用自动烘干机或提香机，初烘温度80℃左右，摊叶厚1.5cm。复烘温度100℃，时间1小时；茶叶含水量控制在5%~6%即可。干燥后的茶叶及时进行真空包装，以利于品质的保持。

专家点评

　　鲁孟军，出生于革命老区的山里娃，怀着对农业农村的执着情怀，从高山到滨海创业，醉心于神奇的叶片，建生态茶园制多类产品，创特色品牌强乡村共富。你看得见是活色生香的茶叶，看不见是汗水浇灌的技艺。颗颗鲜芽在他手中经过采摊炒焙的历练，方能在杯中绽放出缕缕清香，他年复一年在茶香中迷醉，也在茶香中成长，以匠人匠心制一杯好茶。

点评专家：王建军

黄才松

　　黄才松，男，1966年3月出生，浙江省宁海县人，中共党员。曾任宁海县跃龙街道山陈村党支部书记，现为宁海县才松油茶产业专业合作社社长、宁波百平生物科技有限公司总经理，宁海县十八届、十九届人大代表。2011年被评为"宁海县基层农业技术推广工作优秀个人"；2017年获宁海县三星级民间人才荣誉称号；2018年被中国林学会聘为"中国林业乡土专家"；2020年被评为"浙江省林业产业先进个人"；2021年被宁波市委、市政府授予"宁波市对口扶贫协作攻坚爱心奉献奖"，入选中国林业产业联合会木本油料分会"一线工匠"人才库，并被浙江省林业局聘为"浙江省林业乡土专家"；2022年被国家林业和草原局聘为"国家林草乡土专家"，获评浙江省农技推广"万向奖"先进个人和"宁波市优秀林业乡土专家"；2023年在油茶低产林提升改造中获"浙江省农业技术推广宝业奖"。合作社主持完成的科技成果"宁海县油茶良种规模化培育高产栽培"获2013年宁海县科技进步奖三等奖。开发的"百平黄"牌山茶油全系列产品连续多次获得浙江义乌国际森林博览会和浙江省农产品博览会金奖。

发展油茶产业，助力乡村振兴

黄才松

一、创业历程

（一）初当领头雁，为贫困山村遍寻致富路

宁海县跃龙街道山陈村地处偏远山区，村民生活清苦，村集体经济更是一穷二白。1994年，国家出台了脱贫政策，把我们村作为异地搬迁村，村民们由此享受到了国家的政策红利，生活得到了极大改善，可是村集体经济依然积弱如初。由于村庄搬迁，山上的荒山荒地增多，给森林防火工作带来严峻考验。森林火灾造成的经济和生态损失极大，荒山荒地一日不消除，森林火灾隐患便如影随形。本人自2002年担任村党支部书记以来，对此现状看在眼里急在心里，脑海中始终有一个想法在萦绕：如何将这些荒山"变废为宝"，让荒山荒坡披上绿装，变成金山银山？我首先想到的是招商引资搞产业开发，但由于地处偏远，公告发出去后一直无人问津。那怎么办呢？可否自己开发？做什么产业呢？一个个新的问题又不断在我的脑海里涌现。在一次偶尔的资料阅读里，我看到了2004年联合国粮食及农业组织将山茶油列为健康型食用油的信息，于是我开始关注起了山茶油产业。经过好几年的外出考察和反复论证，并查阅了大量的相关资料，我发现山茶油是一种药食同源的食用油，市场空间很大，是一个利国利民的好产业。因此，我决定亲自上马，在村里搞油茶栽培和山茶油加工产业。

（二）学习不辍，"门外汉"成"土专家"

目标确定后，于2006年年底创办了宁海县才松油茶产业专业合作社和以油茶

育苗、培育、加工、营销于一体的企业——宁波百平生物科技有限公司。

为了做好油茶产业，带动当地产业发展，一方面，公司坚持以科研院所和大专院校为依托，开展以油茶良种引进培育、优质丰产示范基地建设及产品加工生产等全产业链工作。公司在国家油茶科学中心首席专家、中国林业科学研究院亚热带林业研究所姚小华研究员的指导下，协作开展了国家重点研发计划项目"油茶生态经济型品种筛选及配套栽培技术"实施，建立了浙江东部沿海试验基地。2009年，经浙江省林业厅审定，我公司被确定为浙江省定点油茶良种采穗圃、油茶良种苗木培育单位及宁波市油茶良种种质资源库。公司与中国林业科学研究院亚热带林业研究所和浙江省农业科学院强强联手，生产的"百平黄"山茶油拥有独到的高保真低温精炼专利技术，去除了皂角、饱和脂肪酸、异味和杂质，保留了80%的角鲨烯、茶皂苷、甾醇、茶多酚等营养元素，经多道先进工艺，使产品色泽更清亮、品质更优异，纯度提高20%。另一方面，我一直坚持通过学习来不断充实、提高自己，先后参加了农业农村部、浙江省林业厅和宁波市组织的农村实用人才带头人培训、高级电子商务师培训、行业岗位培训、宁波市首期中高级经纪人职业资格培训等，系统学习了油茶林栽培管理、产品加工技术和企业的营销与管理技术等，让自己逐渐由油茶产业的"门外汉"走上了全产业链经营之路，成为当地有名的油茶"土专家"。

（三）攻坚克难，传统产业焕发时代活力

油茶产业属于传统的木本粮油产业，与当地的葡萄等特色水果、香榧等特色干果以及花卉苗木、茶叶产业相比不具竞争优势，百姓种植油茶的积极性不高。为了提高油茶产业的整体效益，我想了很多办法，并在有关专家的指导帮助下，在很多关键环节取得了创新突破，让传统低效产业焕发出了优质高效的时代活力。

针对普通种植户只搞种植、不搞加工的产业链短问题，我一开始就将自己的公司定位为全产业链企业，坚决上马年加工能力500t茶油的全套压榨精炼设备，实现一产、二产联动，同时对加工剩余物油茶渣进行处理，将其加工成油茶饼，进行了资源化利用。全产业链的建设，使只搞种植产业的每亩3000元利润增加到了5000元，增效极为显著。

针对传统油茶加工前需要采用堆放、泼水、日晒、手工剥壳、手工分级筛选而存在的人工投入大、耗时长、效率低等问题，我想到了"机器换人"。经过反

复试验，成功研发了一种茶果剥壳分选装置，并于2017年获得了国家实用新型专利。我的发明通过机械装置，将油茶鲜果碾压、籽壳分筛、茶籽大小分级等工序一次性完成，劳动效力提高了60%，极大地降低了生产成本。

针对传统油茶林品种改良中存在的成活率低、产量损失大的问题，我首先在自己的70亩核心试验区内开展探索试验，总结了一套油茶林品种高效改良技术，成活率提高30%，且不影响当年油茶产量。

针对传统油茶林茶果成熟期不一致，既增加了采果成本，又会造成约30%产量损失的问题，我对油茶林开展了针对性品种改良，使同一地块的茶果成熟期相对一致，大大减少了果实损耗，使鲜茶果的亩产量从原来的550kg左右增加到现在的750kg左右，增产近26%，采摘成本也大大降低。

针对传统油茶栽培投产周期长、土地利用效率低、收益慢等问题，我推行了林下套种黄精、金丝皇菊、食用菌、农作物等复合栽培模式，实现了林地的早期收益和立体收获。

为提高产品质量，在宁波市和宁海县绿色食品发展中心的指导下，我公司坚持以质量求生存，严格按照绿色食品的各项要求，通过降低化肥的使用比例和农药的零使用、有机肥的全覆盖，从鲜果采摘到剥果烘干再到先进的精炼工艺创新，生产的"百平黄"山茶油是宁波市食用油领域唯一一家获得绿色认证的品牌。

为适应鲜果采摘机械化、降低人工成本，我推行了密植篱笆型造林模式。

为不断降低生产成本，我非常注重机械及茶园道路等基础设施投入。在鲜果采摘、肥料运输环节，通过这些投入使生产成本降低30%以上。

（四）帮扶带动，携手同走共富路

为做大做强油茶产业，我尝试在当地建立"公司+合作社+基地+农户"的油茶产业链。2010年开始，我在宁海区域免费提供油茶良种种苗，并上门免费提供技术指导，带动周边农户共同种植油茶林。为了解决农户的后顾之忧，保证种植收益，公司还与种植户签订了产品回收协议，做到以保底价油茶鲜果3元/kg和油茶干籽16元/kg的价格回收，当市场价格高于保底价格就按市场价格收购，当市场价格低于保底价格就按保底价收购，做到种植户丰产就丰收，取得了良好的经济效益和社会效益。

在产业的辐射推广过程中，我非常关注当地的弱势群体，积极利用油茶产业，通过林地流转、产业辐射、安排就业、困难帮扶等方式，从2016—2019年累计带动低收入农户增收近20万元。

目前，我公司油茶种植区域已推广到本县的跃龙街道、力洋镇、茶院乡、前童镇、岔路镇、胡陈乡、桑洲镇等山区农村，建有长林系列高产油茶种植基地1000亩，合作基地7000亩，年产油茶鲜果2000t。公司在收购茶果方面以高于其他地方800元/t的价格收购宁海当地茶果，充分利用农户闲散劳动力资源，解决了当地农村劳动力的就业问题，使农户不需要外出打工就能脱贫致富，在显著增加当地农民经济收入的同时，促进了区域农村经济发展，让油茶产业真正成为当地乡村振兴的致富产业。另外，油茶还在提高山区森林覆盖率、保持水土、美化环境等方面也发挥了重要作用，种植油茶实现了产业发展与生态建设的双赢，也让我初步达成了荒山荒地变"金山银山"的创业梦想。

（五）走出家乡，大爱助力"黔货出山"

在我的创业过程中，一直得到了党、政府和社会各方的大力支持，因此，在我的致富梦想成真之际，我也非常想发挥自己的技能特长来回报社会，为我国全面脱贫攻坚尽一点绵薄之力。2018年，我积极响应国家东西部扶贫协作号召，将自己的油茶致富经验传授给贵州省黔西南布依族苗族自治州（简称黔西南州）农户。

初到黔西南州册亨县，我花了一周开展产业调研，发现册亨县有油茶面积15万亩，具备一定的种植规模，但产业基础十分薄弱，存在很多制约产业可持续发展的瓶颈问题，主要有：一是茶园管理粗放，大多油茶林管理不到位，处于半荒芜状态，亩产鲜果只有150kg，种植户收益低，从业积极性不高。二是主栽品种老化，我在考察一个苗木市场时还发现，他们卖的油茶苗竟然是实生苗！他们对油茶良种意识不强，信息滞后，对国家林业和草原局三令五申提出的油茶良种苗木要做到"三定四清楚"的要求居然一个都不知道。三是当地没有油茶加工龙头企业，产业链条短，整体效益低下。

为了更好地帮助黔西南地区发展油茶及其他农业产业，我重点做了四方面工作：一是针对油茶种植户和地方专业人员开展技术培训，向他们传授油茶林高产稳产栽培管理方法，并进行全程技术指导。二是致力品种改良，共引进'长林

53号''长林40号''长林4号''长林23号''长林3号'等6个油茶良种与当地的'红球1号''红球2号''红球3号',建立良种采穗圃30亩,开展无性系油茶良种苗培育与推广应用,改良油茶基地12万亩。三是在当地建立油茶加工厂,于2019年5月建成一条年产600t、产值9000万元的山茶油生产线,同步开展山茶油化验员、压榨技术员、精炼技术员、产品检验员等岗位技能培训,使他们自己能独立上岗,实现了产品的就地加工,延长了产业链,当年生产"红球源"品牌山茶油350t,实现产值5000万元。四是于2020年5月在贵州晴隆县注册了贵州甬水黔山农业发展有限公司,助力"黔货出山"。公司由晴隆县工科局、扶贫办直接指导负责运行,与带动贫困户增效明显的晴隆县沙子镇联盟生态农业开发有限公司等30余家农业龙头企业(合作社)签订了农产品购销合同,对贫困户的农产品以高于市场价的10%进行收购,签约基地总面积2万多亩,涉及粮油作物、家禽畜牧、蔬菜水果、食用菌、茶叶、蜂蜜等农产品,联结机制带动困难户600户、建档立卡贫困户200户,现已累计销售农副产品1000多万元,让当地农户实实在在尝到了勤劳致富、实业致富、科技致富的甜头,真正走上了一条携手创业、可持续发展的共同致富之路。

在良种茶树引种栽培过程中,由于引进的母本较大,成活率是一个挑战,我就隔三差五去地里观察情况并及时浇水,最大程度保证了母本的成活率。无性系油茶苗木的培育是在天气最闷热的季节,为了能培育出优质油茶良种苗木,我天天闷在炎热的塑料大棚里面,手把手教农户如何对嫁接苗除萌,促进苗木苗壮成长;如何辨别苗木的假性成活,耐心讲解假性成活不除对良种油茶造林的危害性等。在修建油茶加工厂的选址和施工过程中,为了不耽误工期和质量,我天天蹲在工地,有时候通宵达旦。由于工地设施不完善,我经常饿着肚子一干就是一整天,甚至因为没有水而一周不能洗澡。我的亲力亲为和对工作的一丝不苟态度,深深感动了身边的农户和其他工作人员,得到了当地政府和农户的一致好评。

二、油茶高产栽培秘诀

根据我近20年的从业经验总结,我认为油茶高产高效栽培需要重点抓好以下关键技术及环节。

（一）无性系良种壮苗培育技术

林以种为本，种以质为先。与普通品种相比，林木良种具有产量高、品质优、抗性强等显著优势，使用良种造林，可带来更高的经济、社会和生态效益。油茶产业也不例外，为保证油茶林优质高产，造林必须选择通过国家或省级林木良种审定委员会审（认）定的主推良种。据统计，我国已审（认）定油茶良种300多个，目前仍在有效期的有241个。2022年，国家林业和草原局优化主推良种，明确跨区域主推良种16个、推荐性良种65个，为各地发展油茶产业提供了充裕的良种资源选择。

另外，在优良品种引进中，还需要非常注重品种的适应性问题，做到适地适树适品种，如果只单纯考虑良种而忽视品种的适生性，可能会导致茶园结果率低、植株抗病力弱等诸多问题。如何选择适生良种呢？我的经验是优先选择在同一经纬度、海拔高差在500m以内的地区开展引种。

一般油茶裸根苗造林的成活率只有65%~70%。为提高造林成活率和培育成效，还应注重良种苗木的培育，用无性系良种壮苗容器苗造林。无性系油茶容器苗的培养方法：

（1）圃地选择。选择交通、排灌方便的圃地作为油茶苗木的培育圃地。为提高育苗成效，建议采用有遮阴条件的大棚育苗，配建喷滴灌系统。

（2）砧木芽苗培育。在育苗大棚内建立播种苗床，用干净沙土作基质，沙土厚度约25cm。采集充分成熟的油茶果实，在阴凉处风干，待果皮稍微开裂时将其剥开，选取健壮饱满的茶籽，用0.1%浓度高锰酸钾溶液浸泡消毒5分钟，然后将茶籽沥干，撒播于沙床中，浇透水，再用百菌清消毒后盖上20cm的沙，床面覆盖薄膜和遮阳网。播种时间可根据嫁接时间而定，一般可在2月底或3月上旬，揭开沙床上的薄膜和遮阳网，用清水喷透沙床进行催芽，到5月中旬即可进行嫁接。

（3）容器与基质选择。选用直径6cm、高10cm的无纺布网袋作容器，若培育多年生大苗，容器可适当大一点。根据以往开展的不同基质对苗木生长、嫁接成活率及造林的影响研究结果，确定最佳栽培基质为锯木屑：树皮=1∶1（体积比），或锯木屑：黄心土=2∶1（体积比），为保证基质能均衡而持续地提供养分，可在混合基质内加控释肥。

（4）芽苗嫁接与移栽。一般在5月中旬，当播种的芽苗长到8cm时，可以起苗进行嫁接和移栽。此时，良种油茶的穗条也正处于半木质化状态，适于采穗嫁接。

（5）起砧、削砧。嫁接前，先将芽苗从沙床中起出，用清水洗净，再用0.1%高锰酸钾溶液浸泡5分钟，然后再在生根剂溶液中浸泡3分钟，稍晾干。在子叶柄上方约2cm处切断，沿中轴向下纵切0.8～1.2cm，保留胚根6～8cm。

（6）接穗的剪取与保护。选择晴天上午（最好在早晨），在良种采穗母树的树冠中上部选取无病虫危害、无机械损伤、生长健壮的半木质化枝条作穗条，置于阴凉处，用湿毛巾包裹保湿。采下的穗条应在当天及时嫁接，来不及嫁接的应采用湿毛巾包裹后置于保鲜袋内密封，放在0～5℃冰箱内短暂冷藏。需长途运输的接穗也应做好保湿和冷藏处理。

（7）削穗与嫁接。在穗条上选取健康饱满的芽，在芽两侧的下部0.5cm处用刀削成楔形，再在芽上方0.5cm处切断。将接穗插入砧木芽苗的切口内，对正形成层，在接口处用薄铝皮轻轻捏紧，挂好标签，放入塑料盆中，用湿布盖好，置于阴凉处待栽。

（8）芽苗移栽与培育。最好在早晚进行芽苗移栽，有遮阴、避雨、控温条件的大棚可控制好大棚内部条件随时移栽。栽之前将轻基质网袋浇透水，然后用手轻轻捏住嫁接好的苗木接口以下部位，将其栽入容器中，压实基质，要求根系舒展，每个容器栽苗一株，随即浇透水，必要时可用百菌清等药剂一并进行杀菌消毒。然后将网袋挨个排放于穴盘内，整齐摆放于苗床中，苗床上方架设小拱棚，盖好薄膜。及时清点苗木数量，做好记录。平时做好日常巡护管理，发现有病虫害发生的应及时揭膜进行防治处理。

嫁接后一般愈合期为4周，成活苗木4周后应及时除去砧木萌芽。当苗木长到3～5cm高时，可结合喷灌施0.2%的氮素化肥水，及时清除杂草。8周时可打开小拱棚两端薄膜进行通风炼苗，一周后再揭去薄膜管理。到10月底时可换用高架托盘，网袋之间也用竹片隔开，进行空气修根。第二年可出圃造林。为缩短达产期，推荐使用3年生以上轻基质容器大苗造林，要求苗高≥65cm，地径≥0.75cm，一级分枝≥3个，侧根不少于6条，所用容器要求高度≥18cm、口径≥15cm。

相较于常规育苗方法，采用无纺布轻基质培育油茶无性系良种苗木具有基质质量轻、养分全、持水性好、搬运方便，苗木根系完整、长势整齐、成苗率高，造林无季节限制、缓苗期短、成活率高、投产快等显著优势。根据试验结果，每培育1万株油茶苗，可节约除草、防病、施肥、起苗等生产成本20%，总体可提高苗木出圃率8%，提高造林成活率25%。

（二）科学造林技术

1. 造林地选择

油茶的适应性较强，但为了获取优质丰产，必须选择合适的造林地造林。在油茶适生区域内，应选择光照充足（坡向为东、东南、南或西南）、坡度在25°以下、土层厚度不低于60cm、土质疏松、排水通畅、肥力较好、湿润、透气性好、保水性强、pH值5.5~6.5的黄壤、黄棕壤和沙壤为宜。按照《油茶栽培技术规程》（LY/T 1328—2015）等行业或地方标准规定要求对造林地开展生态化整地，施足基肥。

2. 品种搭配

油茶是异花授粉树种，一般应选择花粉亲和性好，花期、果实成熟期基本一致的良种2个以上就近搭配种植（如'长林53号'可搭配'长林3号''长林40号'或'长林4号'），每个品种栽种1~2行，单个品种占比不少于25%，既可以提高花粉授粉效率、提升茶果产量和品质，又可减少因果实成熟期不同而增加采果次数、人工投入以及因果实过熟未采而导致的落果损失，还能防止因采集未成熟茶果而降低出油率等问题。详细技术可参考《油茶》（LY/T 3355—2023）规定执行。

3. 造林方法

按照《油茶栽培技术规程》（LY/T 1328—2015）等行业或地方标准规定进行造林，一般造林密度为1333~1605株/hm²，立地条件好的，宜采用株行距2.5m×3m；立地条件差的，宜采用株行距2.5m×2.5m。采用3年生大规格网袋苗造林的，造林株行距宜采用（3~4）m×（3~5）m。复合栽培林分造林，株行距以2m×4m或2.2m×5m为宜。为便于机械化采果，也可采用篱笆型造林，株行距2m×4m。山地造林应采用上下方向对齐，以利于从上下方向开展机械化作业，陡坡机械横走作业容易侧翻。

根据《油茶》（LY/T 3355—2023）规定，油茶林的栽植密度调减为每亩53~74株。宜机作业的采用宽窄行设计，宽行4~5m，窄行2.5~3m。若按此标准栽培，密度降低了，后期树体会长得比较高大，从而增加鲜果采摘成本，减少单产收益。因此，为便于机械化或人工采摘，建议采用密植矮化栽培更好。

4.林分管理

（1）施肥。为推行绿色有机栽培技术，提倡全面施用有机肥。一是主要利用鲜果剥下来的茶果壳和茶饼进行搅拌后成堆发酵作肥料，同时搭配3%~5%的复合肥进行混施。二是在相对平坦的地块可施用经完全发酵腐熟的猪、牛栏肥或鸡粪、鸭粪等农家肥，具体方法是春季抽梢发芽前施速效氮肥，配合施磷和钾肥，保证春梢和幼果生长发育；夏季春梢停止生长后多施磷肥、钾肥；冬季采果后施商品有机肥，先沿树冠投影线按上、下、左、右方向打4个孔，打孔深度40cm，在孔内施入腐熟有机肥。

（2）整形修剪。油茶喜光，若底层光照不足，易发生炭疽病和软腐病。为保证整棵树都能有充足的阳光，促进均匀结果、多层挂果，宜将整个树冠剪成宝塔形。可在每年采果后至开春前修剪，剪除枯枝、病虫枝、交叉枝、细弱内膛枝、脚枝。徒长枝应于大年重剪，小年轻剪。

（3）除草与有害生物防治。清除林间山地杂草，一年分6月与9月两次进行。为了保证茶果的品质，全程不用草甘膦等除草剂，主要采用人工机械割草。有害生物防治技术可参照《油茶》（LY/T 3355—2023）等规定实施，不得使用违禁农药。

我公司现有"长林"系列高产油茶种植基地7000亩，通过上述方法造林管理，第5年即达到了国家丰产林标准。目前（约15年生母树）可年产油茶鲜果2000t；优良无性系有较高的自然着果率，自花可孕率高达22%~50%，无性系间花粉可授性强，有11个互授可育率高达70%以上的组合；优良品种丰产性好，经多个试验林连续测产，年平均产油487.5~859.5kg/hm^2，10多个优良新品种不但抗病性好，适应性强，而且品质优，产量高，出油率90%以上。

（三）低产低效林分改造技术

油茶低产低效林分可根据其成因不同而通过密度调控、整形修剪、科学施肥、复合经营、高接换冠或预栽更新等方式进行改造或更新。油茶低产低效林的判别和具体改造方法可按照《油茶》（LY/T 3355—2023）等相关规定执行。

针对由于品种选择不当而导致的低产低效林分改造中存在的产量损失大的问

题，我通过试验总结了一套油茶林品种高效改良技术，成活率较常规嫁接技术提高30%，且不影响当年油茶产量。具体做法：5月，等穗条半木质化后进行高枝嫁接，嫁接方式以贴皮接为主，嫁接时不砍头。嫁接后4周为愈合期，等愈合期结束后观察成活率，对成活的母树进行管护，待11月茶果采收后将嫁接的主干锯掉。第二年精心管理，第三年就可以结果，然后再根据嫁接成活的枝条生长情况，逐年将老枝条修剪掉，将嫁接后接穗抽发的新梢培养成新的树冠。

（四）节本增效技术措施

传统油茶栽培是一个劳动密集型产业，投入成本高，严重影响了产业效益。为提高产业整体效益，我采取的节本增效技术或措施主要是"机器换人"，具体包括研发应用茶果剥壳分选装置，核心生产基地配建肥水一体化设施和行车道路，山地安装物料及鲜果运输轨道车等。条件成熟时，我还打算因地制宜引进应用各类油茶采收机械。另外，相较于一、二年生农作物及葡萄、蓝莓等经济植物，油茶的投产收获周期相对较长，前期基本以投入为主，因此，可充分利用油茶林林中空地、林下空间开展复合经营，发展时令农作物、食用菌等短周期产业及中药材等高价值产业，也可以根据市场需要适度发展良种油茶苗木培育产业，实现以短养长、长短结合，提高林地利用效率和综合效益，达到增加收入的目的。

专家点评

黄才松从事油茶全产业链工作近20年，在油茶良种引进培育与产业化、优质丰产茶园营建与管理、高品质茶油加工精炼、机器换人、结对帮扶等方面亲力亲为、潜心摸索、笃志前行，让自己从一个普普通通的山村农民蜕变为行业内小有名气的国家林草乡土专家。他致富不忘党恩，热忱帮扶乡村百姓和困难地区走上共富之路。他的从业经历、创富故事和悟出的专业技能诀窍具有典型性、代表性和实用性，值得我们向更广区域宣传推荐。

点评专家：李修鹏

虞如坤

　　虞如坤，男，1962年6月出生，浙江省宁波市奉化区人，中共党员。现任宁波市奉化银龙竹笋专业合作社社长、宁波市奉化区溪口镇供销合作社主任，兼任宁波市奉化区科协常委、宁波市农民专业合作社联合会副理事长、奉化区农民专业合作社联合会理事长、宁波市奉化富银农产品专业合作社联合社社长、宁波市奉化区竹笋专业技术协会会长、宁波市奉化区竹笋产业农民合作经济组织联合会理事长，宁波市第十五届人大代表。2014年获聘首批宁波市林业乡土专家，2017年获聘浙江省林业乡土专家，2018年获聘中国林学会中国林业乡土专家，2019年获聘国家林业和草原局首批百名林草乡土专家；曾获得全国科普惠农兴村带头人、浙江省科普惠农兴村带头人、浙江省农村科技示范户、浙江省优秀林业科技示范户、宁波市科普带头人、宁波市优秀林业乡土专家、宁波市科普（科技）示范户、宁波市"科普惠农兴村计划"优秀科普带头人、宁波市十佳农产品经纪人、宁波市优秀农产品经纪人、奉化区劳动模范、奉化骄傲十佳新型农民等荣誉。其创办的宁波市奉化银龙竹笋专业合作社分别被评为全国农民专业合作社示范社、全省供销百强农民专业合作社、全省系统农民专业合作社示范社（浙江省供销合作社联合社）、全国科普惠农兴村先进单位；合作社生产的"山丁丁"牌雷笋，在中国国际有机食品博览会上获金奖；"山丁丁"牌油焖笋、羊尾笋分别在中国（上海）第二届、第三届国际竹产业博览会上获金奖。

三产联动，发展高效竹产业

虞如坤

一、从业经历与成效

（一）找准产业，有成就

1979年7月，我从奉化重点高中——奉化溪口中学毕业回乡务农，做过多种产业，先后养过黄鳝，种过葡萄、茭白等。然而因面对当时农业生产落后、产业结构单一、致富困难等问题，最后选择奉化特色优势产业——雷笋与水蜜桃作为发展目标。20世纪80年代，作为农村高学历人员，比普通农民更善于学习、更有接受新技术的能力，也更具脱困致富的激情与信心。20世纪90年代初，我率先进行了雷竹大棚增温试验，10亩多雷竹林在春节前就出笋，纯收入达30多万元，成为当地首富。试验取得的高收益为进一步发展雷竹产业树立了信心。以后不断改进技术，先后利用鸭粪、稻草、砻糠、食用菌废弃物等覆盖材料，探索形成一套成熟的雷笋早出覆盖技术，成为溪口等周边地区雷笋早出覆盖的主栽技术，亩均收入超3万元。2013年，针对毛竹林经济效益低下的现状，借鉴雷竹早出覆盖技术，开展毛竹春笋冬出覆盖技术试验，取得亩产值达4万~5万元的高效益。目前，经营面积163亩，其中雷竹115亩、毛竹林20亩、水蜜桃28亩。

（二）建实体、搭平台，实现共同富裕

"自己富不算富，带动农民共同致富才是真富"。以自己经营的竹林为样板，联合相关单位和当地镇（街道），先后成立了奉化市竹笋专业技术协会、民营的宁波市林联竹子研究所以及中国林学会竹子分会奉化服务站等服务平台和奉化市

银龙竹笋专业合作社、奉化绿丰家庭农场等经济实体。

1.创立了奉化市银龙竹笋专业合作社（现为宁波市奉化银龙竹笋专业合作社）

联合奉化区溪口镇、萧王庙街道的竹林大户于2009年10月成立了奉化市银龙竹笋专业合作社，任理事长。合作社现有社员270人，雷竹面积8000余亩，毛竹6000余亩，其他基地1300亩，其中已建立雷竹和毛竹有机食品、无公害食品、森林食品基地4处，总面积11723亩；创立了"山丁丁"商标品牌，实现了统一品牌、统一技术标准、统一产品质量和统一向外拓展市场。

2.创办了奉化绿丰家庭农场

2014年创办了自己的家庭农场，经营面积150多亩，主要经营雷竹、毛竹、水蜜桃等当地优势林特产品，充分发挥自己的技术优势，以年经营收入达70多万元的业绩被评为宁波示范性家庭农场。

3.组建了奉化市竹笋专业技术协会

2012年7月，发起成立了奉化市竹笋专业技术协会，兼任会长，现有会员262名。协会向奉化竹笋从业者提供服务，主要以技术培训、科普服务为主。协会每年举办培训班5~7期，开展技术咨询、技术指导500多人次，发放农技资料1000余份，组织社员学习考察，开展农技实验活动，已为当地培育了一批"土专家""田秀才"。如今，合作社社员中有35人获得农民技术员职称，82人取得中、初级农产品经纪人证书，极大地带动了奉化区农民从事竹笋培育的经济效益提升。

4.发起组建民营的宁波市林联竹子研究所

2014年2月，在原宁波市林业局、宁波市林业园艺学会的支持下，奉化市银龙竹笋专业合作社联合宁波市林业园艺学会、宁波士林工艺品有限公司发起成立了宁波市市级首家民营竹子科研机构——宁波市林联竹子研究所，我担任研究所理事会理事长，聘请中国林学会竹子分会秘书长、中国林业科学研究院亚热带林业研究所研究员、竹子专家谢锦忠为所长，带领宁波市级、奉化区级竹子专家、科技人员进行竹子的科技攻关。近几年来，承担了宁波市科技攻关项目2个、宁波市林业科技项目1个，参与承担科技部科技富民强县项目1个。

5.建立中国林学会竹子分会奉化服务站

2014年，通过宁波市科学技术协会、宁波市林业园艺学会牵线搭桥，在中国林学会的高度重视下，建立了中国林学会竹子分会奉化服务站。中国林学会副理事长兼秘书长陈幸良研究员、时任中国林学会学术部主任曾祥谓教授级高级工程师、中国林业科学研究院亚热带林业研究所谢锦忠研究员、中国林业科学研究院原土壤研究所所长杨承栋研究员以及国家林业和草原局竹子研究开发中心、浙江农林大学、浙江省林业科学研究院、宁波市林业园艺学会等单位专家多次前来指导，帮助解决竹林培育、竹林下经济、竹笋加工、产品营销等方面的技术难题。

6.承建"科创中国·宁波"竹产业创新服务中心

在宁波市科学技术协会、宁波市林业园艺学会的大力支持下，"科创中国·宁波"竹产业创新服务中心落户宁波市奉化银龙竹笋专业合作社，聚集竹产业创新人才，服务宁波全市竹产业。

7.建立了结对帮扶服务基地和共享共富示范基地

奉化银龙竹笋专业合作社开展了低收入农户、残疾人帮扶工作，帮扶对象58户，带动其他低收入农户98户。合作社通过向他们发放生产资料补助金、提供劳动就业岗位，让他们享受合作社社员待遇，并接受技术培训、技术帮扶和农产品销售等方面的服务。2022年，在溪口镇小溪岙建立林下经济共富示范基地300多亩，种植黄精300亩，所得收益将与溪口镇8个经济薄弱村共享，提高村集体经济收入。

（三）科技创新破难题，一、二、三产融合发展

1.钻研竹林培育新技术，做精一产

（1）竹林常规培育精细化。像种蔬菜一样经营竹林，实现精耕细作、精细管理。从竹林选地、整地开始到种苗选择、种植密度、种植时间、定植方式、田间管理、病虫害防治、竹笋采挖和母竹留养等竹林常规培育的每一个环节，都力求做到精细化管理。严控竹笋品质，成功创立有机雷笋基地。

（2）雷笋早出覆盖技术节本高效。雷笋早出技术的研发与应用已达30多年，技术日趋成熟，通过覆盖新材料的创新应用，达到了节本高效目标。雷竹连续覆盖造成竹林地退化、竹林衰败，甚至死亡，通过采用杏鲍菇渣作为覆盖增温材料、实现覆盖物的机械化清理、进行母竹留养以及土壤改良等技术的创新，实现雷笋栽培的可持续高质、高产与高效。

2.创新竹笋加工新技术，做强二产

由于国际国内市场的影响，传统竹笋加工产品不能满足消费者要求，需要从竹笋供给侧改革入手，开发新产品。针对竹笋水煮笋受国际市场和环保整治力度加大因素的影响，近几年已出现了"卖笋难"现象，影响农民的收入和竹林培育

积极性。与相关企业合作研发了首台（套）奉化传统特产——奉化油焖笋加工及包装机械设备，提升了奉化传统特产——油焖笋的产量和品质，制订了油焖笋加工企业标准。家庭作坊产品通过品质提升，已成功打入超市，缓解了"卖笋难"现象。为了解决鲜笋上市集中、加工困难的难题，利用热泵烘干技术，开发了精制笋干加工设备，建立一条精制笋干生产线，通过笋干牛肉酱等产品开发，实现了竹笋延时加工。

3. 弘扬竹文化，做大三产

利用AAAAA级溪口国家风景名胜区的旅游资源，打造适合本地特色的森林体验休闲度假区。在溪口近郊流转森林面积1400多亩，打造银龙谷国家级自然教育基地、农业生态旅游休闲度假区；与其他单位合作在高海拔山地流转荒芜土地800多亩，建立大雷山有机稻生产基地，并建设了游步道等农业观光配套设施；在银龙谷建立200亩林下药材基地、百果园、竹种园以及面积近1000m²的奉化市竹子展览馆（科普馆），促进休闲旅游产业发展。

二、雷竹高效栽培技术秘诀

雷竹原是散生在农村四旁的优良食用竹种。自20世纪80年代末开始，随着农村土地承包制的推进，大力发展农村经济，雷竹由于出笋季节早、营养丰富、消费者喜爱、市场价格高的优点而得到了大面积发展。经过30多年的发展，科技突飞猛进，雷竹林培育新技术的应用，使雷竹林的经济效益可达7万~8万元/亩。本人基于30多年雷竹培育经验，总结出以下几个秘诀与大家分享。

（一）雷竹造林

1. 林地选择

林地选择，一是要符合雷竹的气候适宜区。以宁波市奉化区为例，其气候为亚热带季风性气候，四季分明，温和湿润，年平均气温16.3℃，降水量1350~1600mm，特别是笋期3~4月，雨水充足，日照时数1850小时，无霜期232天。与奉化气候相似区域都适宜雷竹栽培，特别是春季的雨水充足区域都能达到雷笋的高产。二是良好的土壤条件，选择土壤质地良好，一般需要土层厚度达到50cm以上，土壤呈微酸性的壤土，砂石含量要低，最好是黄泥土。三是优越的地理位置，交通便利、背风向阳、排灌方便、不积水的低山缓坡，一般山地要求坡度25°以下，平地不积水。四是便利的水源条件，雷竹的生长需要水分充足而不积水，特别是笋芽分化期（8月底至9月初）、膨大期（10~12月）、出笋期（3~4月）以及春笋冬出覆盖期间（12月至翌年3月）都需要大量的水分灌溉，才能达到雷笋的高产。

2. 整地

不同的地类采取不同的整地方法。对于原有农作物、果园改造的平地，在农作物收获后，用农业机械翻耕机进行全面翻耕，深度达40cm以上，清理原有作物的秸秆，挖除残根，并进行焚烧，可以减少病虫害的发生。每隔4m开一条深达50cm的排水沟。对荒山坡地和残次低效林改造林地，清理现有植被，能用挖掘机等农用机械挖掘的，沿水平带挖掘，深度要求30cm以上。根据坡度不同，坡长每隔3~5m，开一条水平沟，深度40cm、宽度50cm，作为雨水拦截沟，既有利于保持水土，也可作为人工通道方便人工作业。对清理的树根、柴根进行无害化处理，有焚烧条件的，在确保森林防火的条件下进行焚烧，无焚烧条件的，进行粉碎作基质肥料施入林地，提高土壤有机质。无条件利用农用机械挖掘的，人工整地也需按上述要求做。

3. 种苗

雷竹种苗选取特别重要，要求在生长健康无病虫害、未进行覆盖的雷竹林边缘的半年生至1年生的雷竹中选取。母竹的粗度一般以2~3cm为好。母竹的年龄，近距离种植的以当年生嫩竹为好；远距离种植、需要进行长途运输的，宜选择1年生竹为好。母竹枝下高一般在1.5m，去竹梢，留7~9盘分枝为好，并疏掉部分叶子。母竹的土球，最低要求来鞭15cm、去鞭20cm，有条件的留来鞭20cm、去鞭30cm，保持根系完整，并保持水分。尽量做到随挖随种，避免起竹苗后放置时间过长，造成竹株失水，影响造林成活率。

4. 初植密度

初植密度与成林速度有关，初植密度大，成林速度快，但种苗数量与种植成本有关，最低要求60株/亩，最高不超过250株/亩。在平地，一般株行距为2m×（2.5~3.5）m，95~133株/亩；在坡地，株行距为2m×（2~2.5）m，133~167株/亩。

5. 种植

雷竹种植季节没有严格要求，一般来说，除了高温干旱和严冬季节外，都可以种植。但为了减少管理成本和对母竹林的影响，主要是选择当地雨季，江南一般为6月梅雨季节和2~3月早春两个季节。梅雨季节种植选择母竹为当年嫩竹为主，早春种竹选择1年生竹。种植前，按初植密度要求，挖好种植穴，穴规格为60cm×60cm，深40cm，施腐熟有机肥10kg，回填表土与有机肥拌匀，放入竹苗填表土，深度与母竹原生长深度一致或稍低2cm，浇足定根水，适当压实，在竹株边最好覆盖一层稻草或已用过的老砻糠进行保湿和防杂草。

6. 幼林抚育

雷竹种植以后，1~3年或4年为幼林期。造林密度高，培育管理水平高，3年内就能郁闭成林；造林初植密度低，肥水管理一般，4年成林。新种植雷竹由于母竹移植时间不长，主要培育目的是促进竹鞭根生长、提高成活率，因此以水分管理为重点，保持新竹林地湿润，但不积水，一切措施以有利于母竹鞭根生长为要。第2、3年培育目标以促进竹笋生长，尽快将竹鞭布满全园。在郁闭前可套种黄豆、花生、蔬菜、绿肥等农作物，以耕代抚，替代松土、除草、施肥等日常田间管理。特别是夏天高热少雨季节，要及时进行浇水、除草、追施肥料等日常田间管理。

7. 母竹留养

新造雷竹林的主要目标是尽早将竹鞭布满全园，尽早郁闭。母竹留养时，在近母竹生长的早期笋，应及时挖除，并在挖笋穴施每穴0.1kg复合肥，促进中后期竹笋生长；在出笋中期开始，对离母竹远的竹笋进行留笋养竹。第一年出笋留养不宜过多，当年春季种植的，一般每株母竹不超过2株；前一年梅雨季节种植的，经近一年的竹鞭生长，每株母竹适当可留养3~4株，不超过5株，新竹做到留远的、留壮的，以快速构成地下竹鞭系统和合理的地上结构。

8. 竹林管护

新发雷竹林要及时管护，特别是出笋期，要禁止牛羊家畜和鸡鸭等家禽入园，防止对新笋的破坏和对母竹的伤害。干旱季节及时浇灌，台风季节要开展钩梢，防止母竹风倒和及时排除竹林积水。同时，要及时监测病虫害发生情况，发现病虫害要尽早预防，及时防治。

（二）成林雷竹管理

雷竹郁闭成林后，管理技术主要是围绕竹笋的持续高产这个目标进行。根据影响竹笋产量的因素，可以将成林雷竹管理按季节分为春季出笋期管理、夏季行鞭期管理、秋季笋芽分化期管理和冬季孕笋期管理四个阶段。

1. 春季出笋期管理

雷笋自然生长条件下，于3月中下旬开始出笋，如遇到春旱，出笋期要浇足水分。前期出笋全部挖去，每挖一株，笋穴内施加复合肥0.05kg，施肥后回土；采挖10~15天后进入笋期盛季，盛期后3~5天，宁波当地一般在清明前后，山区适当延迟，可以选择生长健壮、无病虫危害的竹笋进行留笋养竹，要求留养均匀，每年留养200~225株/亩，保持立竹年龄结构合理。末期笋全面挖除。笋期结束，结合防治金针虫、竹笋夜蛾等危害竹笋的害虫，撒施有机复合肥，促进竹笋成竹。

2. 夏季行鞭期管理

新竹笋留养后，进入初夏新竹长成、竹林进入竹鞭生产阶段，也是雷竹培育的关键时期。主要管理措施包括砍伐老竹、钩竹梢、施肥、松土调整竹鞭结构和病虫害防治。

（1）砍伐老竹。新竹留养后，需要竹林更新，将砍伐5年生以上的老竹、残次竹、倒伏竹和过密竹，保留4年生以下的竹子，2~3年生竹是出笋的主力军。1~4年生竹，每年保留200株/亩，立竹密度保持800~900株/亩。砍伐老竹连竹蔸一并挖去，保持合理的空间，每年砍伐200株/亩左右。

（2）施肥。笋期和新竹留养期竹林营养消耗大，因此新竹长成后行鞭时亟需养分补充。这次施肥是雷竹最重要的一次，称"产后肥"，也称为"行鞭肥"，每亩施复合肥约100kg，撒施后结合松土时翻入土中。

（3）钩梢。新留养竹要及时进行钩梢，钩梢可防止风倒、雪压等自然灾害。一般在5月下旬至6月上旬新竹长成新叶放开时进行，一般留枝12~15盘。

（4）松土调整竹鞭结构。结合施肥进行松土，调整地下竹鞭结构，挖去老竹鞭、无芽鞭、死鞭等，将壮龄鞭、浅鞭深埋，创造新竹鞭生长空间，同时促进竹鞭向土层深处生长，形成上、中、下三层的地下竹鞭结构，为竹笋高产打下基础。

（5）病虫害防治。雷竹的病虫害以预防为主，通过竹林的科学培育促进竹子健康生长。病虫害要早发现、早防治。主要病虫害的发生与防治的关键时期是初夏4月至5月。雷竹最常见的虫害有竹笋夜蛾、蚜虫和金针虫。雷竹最常见的病害有煤烟病、竹疹病等。

3.秋季笋芽分化期管理

初秋是当地高温干旱季节，也是笋芽萌发时期，管理最核心的措施是水分管理。旱期要及时浇灌水，保持土壤湿润，有条件的可建立竹林灌溉系统，增加竹林湿度，同时有利于竹林降温。在台风季节，要及时排水，避免形成积水造成烂根、烂鞭，同时要加强立竹以防风倒。

4.冬季孕笋期管理

冬季是孕笋期，也是笋芽膨大期，继续做好水分管理，保持竹林地湿润不积水。孕笋期管理关键是增施肥料，最好是液体肥，或者是复合肥撒施竹林地后，进行及时浇水，使肥料溶解后渗入林地中。在12月可以撒施禽畜栏肥有机肥保温，提高土壤温度，促进笋芽生长，为出笋期高产打下基础。

（三）雷竹早出覆盖技术

雷竹早出覆盖技术是以成林培育为基础进行的，若没有全年良好的竹林培育，雷笋早出效果就会变差，甚至失败。

1.覆盖材料的选择

覆盖材料分两层：一是增温材料，二是保温材料。增温材料要求能发热且增温时间长久。目前主要增温材料有鸭粪、稻草、食用菌废弃料（杏鲍菇渣）、竹叶、瘪谷等，鸭粪持续覆盖容易引起土壤碱化，目前以杏鲍菇渣为佳。保温材料一般以砻糠为最佳。

2.覆盖时间

因为春节是雷竹笋价格最高的时期，因此覆盖时间一般以出笋旺季在春节前1周左右为准来推算，即在春节前1个月至45天开始进行覆盖。如2023年春节为1月22日，雷竹覆盖时间为12月20日前后。如果竹林培育一般的，可以提前至12月10日左右。

3.覆盖前准备

一是将覆盖材料准备齐全，包括肥料、覆盖材料等。二是开展林地清理，浇足水分，根据竹林地肥力情况，撒施复合肥50~75kg/亩。

4.覆盖

先铺施增温材料，如一般用鸭粪、食用菌废弃料（杏鲍菇渣），覆盖厚度5~7cm；稻草、竹叶覆盖厚度20~25cm。用水浇湿增温材料，后覆盖砻糠进行保温，逐次加厚，不要一次加得太厚，否则升温太快、温度过高，容易引起烧竹，保持温度18~23℃，不要高于25℃；当发热层温度低于18℃时再加一层砻糠，直至厚度达15~20cm即可。

5. 及时采收

一般覆盖1个月即可出笋；竹林条件好的，覆盖15~20天就可出笋。出笋后及时采挖，及时出售。

6. 留养母竹

覆盖以后出笋高峰期已过，随着气温的升高，应及时把覆盖物清运出竹林，撒施复合肥，促进竹林恢复生长，同时留养母竹。

（四）退化雷竹林改造

经多年连续覆盖，林地透气性差，土壤退化，往往会产生雷竹根系稀疏、竹鞭上浮、老鞭及无芽鞭增多、竹叶变小、色泽不佳、病虫害增多等现象，发笋行鞭能力下降，成为退化雷竹林。改造措施主要包括：

（1）砍伐老竹。清除老竹、风倒竹、残次竹并运出林外。

（2）林地垦复。对竹林地进行垦复，挖除老竹鞭、无芽鞭、死鞭，将幼鞭、壮鞭进行深埋。测定土壤酸碱度，如果因发热材料鸭粪引起土壤碱化，则在土壤0~20cm表层施酸化肥料，或浇施竹醋液，中和土壤；如以鸡粪、稻草为主的发热材料引起土壤酸化，则在0~40cm土层撒施石灰，中和土壤。有条件的可加客土改良土壤，促进竹根系生长。

（3）带状机耕垦复。对于退化严重的雷竹林，采用带状垦复，带宽2~2.5m，保留带2m，带状砍伐立竹，用机械挖掘、清理带内所有的竹鞭，将表层土壤埋入深土，深处土壤铺在表层，增施有机肥。经过1~2年的恢复，将另一保留带再进行全面机械翻垦。

（4）垦复时间。5月至6月在竹子行鞭前进行。

（五）共富共享案例：雷竹早出覆盖技术

（1）实施时间：2021年11月至2022年4月。

（2）实施规模：45亩。

（3）实施的主要技术：

①雷竹林培育：雷竹林需要全年科学培育，已成为立竹均匀、竹子生长旺盛、年龄结构合理、无病虫危害的健康竹林（按上述雷竹高效栽培技术要求做）。

②覆盖时间：以围绕竹笋价格最高时段的春节前后为主要高产目标，选择覆盖时间。本案例是2021年11月20日开始进行覆盖，先后持续20多天。

③覆盖方法：先进行林地清理，浇足水分，至少保持林地25cm以下深处湿润，但不积水。铺施发热材料杏鲍菇渣，每亩8~9t，在竹林中铺施厚度约3cm。然后覆盖砻糠厚度10cm左右，再浇足水分有利于发热，但严格控制温度在18~23℃，当发热层温度低于18℃时再加一层砻糠。砻糠总覆盖厚度为18~20cm，不能一次性加到10~20cm，否则温度过高会烧伤竹鞭与竹子。

④产量与产值：覆盖后20天左右开始出笋。本案例2021年12月10日开始出笋，至2022年3月25日结束。雷竹笋总产量达到9万kg，平均每亩产量达到2000kg。雷笋的价格最高达60元/kg，最低11元/kg，平均22元/kg，总产值达到184万元，平均每亩产值达4.4万元。

⑤成本及效益分析：成本包括培育竹林及覆盖、挖笋、覆盖物清理等的劳务投入，覆盖材料、肥料等材料费投入。材料费：杏鲍菇渣及砻糠等材料费约12000元/亩，肥料约200元/亩，覆盖以及覆盖物清理劳务用工3500元/亩，挖笋用工按1000元/亩，其他成本按300元/亩计，总成本17000元/亩。每亩的净收入达到2.7万元，经济效益显著。

专家点评

虞如坤同志风趣聪慧，勤于思考，勇于探索，敢于实践，在雷竹产业高质量发展和扶贫济困的征途上兢兢业业，依靠科技，创新管理体系，为带领竹农共同富裕，塑造了一个新时代中国特色农民科技企业家的光辉形象，是当代中国林业乡土专家的杰出代表。他是最早探索雷竹林增温试验的农民之一。他通过35年的持续探索和亲身创业实践，系统总结出一套雷竹种植管理、覆盖早出和退化恢复等关键秘诀技术和行之有效的经营经验，具有很高的学习和推广价值，可供雷竹经营者和科研、推广等相关工作者参考借鉴。

点评专家：谢锦忠

郑国明

郑国明，男，1964年12月出生，浙江省宁波市江北区人，中共党员，宁波市江北超艺花木专业合作社创始人。2009年获得宁波市首届"十大花木能手"称号，2011年被评为宁波市科协科普（科技）示范户，2016年被评为江北区创业达人，2017年被聘为宁波市第二批林业乡土专家，2018年被评为新时代"宁波最美林业人"，2018年被中国林学会聘为中国林业乡土专家，2019年被评为2018年度江北区优秀人大代表，2019年被评为宁波市劳动模范，2020年被评为浙江省林业产业先进个人，2020年被国家林业和草原局聘为第二批国家林草乡土专家，2021年被浙江省林业局聘为浙江省林业乡土专家，2022年被评为江北区微型盆景杰出农匠，2024年被评为浙江省劳动模范。

其创立的宁波市江北超艺花木专业合作社，于2009年被评为区级规范化农民专业合作社，2010年被评为区级守合同重信用农民专业合作社，2010年被评为宁波市农业标准化示范区，2011年被评为江北区党员示范基地，2012年被评为宁波市示范性农民专业合作社，2013年被评定为出口微型盆景标准化生产及有害生物防控宁波市第六批星火示范基地，2013年被评定为省信用AAA级农民专业合作社，2016年被评定为慈城镇绿色发展示范基地，2016年被评定为国家级出口苗木质量安全示范区，2017年被认定为省级现代农业科技示范基地，2018年被列为浙江省出口农产品生产示范基地，2018年通过海关总署出口种苗花卉生产经营企业注册登记，2020年被评为省级农业"机器换人"示范基地，2020年被评定为区级农业科技示范基地，2020年被列为学生劳动实践基地，2021年被评为市级美丽花园，2022年微型盆景培育与制作被列为省市共同资助培训平台。

瞄准国际水准的微型盆景制作技艺

郑国明

一、创业历程

1983年10月，我从学校毕业后便来到宁波市江北区慈城镇虹星园艺中心从事微型盆景技术工作，担任微型盆景制作技术员。当时的我年轻好学，又能吃苦肯干，虚心向园艺中心的老师傅们请教钻研，学到了一手制作盆景好本领。

1997年1月，园艺中心改制，我独自创办宁波市江北慈城超艺盆景园，并担任主任一职。盆景园面积日积月累、不断壮大，至2002年已增至200亩。为解决独自经营带来的销售和技术难题，2007年12月，我注册成立了宁波市江北超艺花木专业合作社，联合了当地54户农户，共同经营着合计1160亩花木基地，占慈城万亩微型盆景产业基地的10.2%。2008年至今，我陆陆续续租赁当地虹星、新华等村农民的土地，基地面积扩大到360亩，其中设施面积60亩。主要生产罗汉松、金钱松、杜鹃、水杉、红枫和雀舌黄杨等微型盆景，产品主要销往欧美国家，成为华东地区重要的微型盆景出口基地之一。

由于我在微型盆景造型制作技术上具有精湛的造诣，生产的微型盆景简洁明快，丰茂自然，有立体感，无病虫害，产品深受欧盟客商的青睐，特别是创建了出口苗木盆景精品园之后，2018年，我们联合有关单位制定了宁波市地方标准《出品小盆景生产技术规程》（DB 3302/T 090—2010），统一制定了全市出口小盆景的生产操作流程，申请了超艺注册商标。2013年12月，"超艺"（图案）牌小盆景被认定为浙江名牌林产品。同时，运用"农户+专业合作社+基地+品牌包装"的营销服务模式，竭力帮助54名会员和周围苗木盆景生产者向外推销微型盆景。由于精心培育、管理到位，使之成为引领江北区乃至宁波市出口微型盆景且有一定知名度的龙头企业和行业标杆。

二、致富秘诀

宁波市江北超艺花木专业合作社能够从小到大、从弱到强，并在宁波市乃至浙江省拥有一定的知名度和影响力，这离不开同事们的不懈努力和辛勤耕耘。具体来说，就是要认真当好推广员、推销员和产业带头人。

一是做好技术的指导推广员。由于出口盆景的严标准和高门槛，我亲自给社员当技术指导员，从苗床管理到绑梢、定型，都会定期到地头为社员及技术工人进行讲解。推广专业合作社生产技术标准，实行科学化管理。推广应用50亩大棚培养繁殖技术，采用自动化喷灌养护技术，全面进行无土种植培育。这两年来，我又尝试与浙江万里学院合作，以罗汉松、波缘冬青（钝齿冬青）、六月雪、金钱松等为主打产品进入国际市场的同时，又引进滨柃、棕榈等物种材料进行挖掘开发。

二是做好产品的拓展推销员。2008年，国际金融危机爆发后，国内出口到欧洲的产业都受到了影响，我与其他几位带头人分析形势，意识到微型盆景的出口也可能会给合作社带来重创。于是，抓紧时机，奔赴广东、江苏等地，开拓出了一个国内市场。而事实上，微型盆景的出口不仅没有影响，反而还有递增的趋势，这下乐坏了苗农们。由于这次国内市场的拓展，许多国内外的苗木大户闻风而来，苗农的盆景出现了供不应求的迹象，合作社俨然有成为华东最大的微型盆景基地的趋势。

三是做好产业的带头人。我是个热心人，周边的苗木种植户都称我为"老大哥"。通过管理上的跟进，产品品质的提高，合作社的订单数量增加，合作社的效益也在提高。为此，一方面提高社员的盆景收购价格，另一方面为社员提供优质、价廉的无土介质、肥料等投入品，使社员人均普遍增收3000元以上，有力地带动了周边农民的增收。合作社也得到当地农民的认同，规模不断壮大，成员人数从7名增加到55名。2009年被评为区级规范化农民专业合作社，2012年又被评为宁波市示范性农民专业合作社。

综上所述，我及经营团队的低调行事，埋头苦干，使专业合作社近年来发生了显著的变化，微型盆景基地显现一片欣欣向荣的景象，突出表现在：

一是经济效益不断提升。微型盆景核心基地年产值达到800万元，每亩产出水平由3年前的1.80万元提高到如今的2.30万元，增幅达27.8%，为当地农民的增收致富和乡村振兴做出了一定的贡献。

二是销售市场不断开拓。微型盆景已经打入国外市场，主要销往荷兰、比利时、意大利等国家，积极参与国际竞争。值得欣喜的是，至今还没有发生过一次退货或销毁的事件，这在微型盆景市场交易上是极其罕见的。

三是就业带动不断扩容。在本场就业的有本地人26人、外地人8人，除了支付高于周围经营主体的工资报酬之外，还按国家规定为职工缴纳社保等费用。

四是示范基地效应显现。合作社积极成为开展学生劳动实践等培训场地。据统计，2023年以来累计为慈城中城小学等学生培训3000人次。由合作社技术人员一起手把手现场进行微型盆景实地指导，并让学生现场操作，从小萌发他们的园艺情结。此外，我还被邀请到宁波市农业农村局等单位授课4次，听课人员达到180人次。

三、出口微型盆景生产技术秘诀

合作社技术实力较为雄厚，与浙江农林大学花卉盆景研究所、宁波市检验检疫科学研究院、宁波工商职业技术学院、浙江万里学院等单位建立起互利互赢的合作关系。目前，合作社拥有专业技术人员8名，在微型盆景造型制作技术上具有高超的造诣，出产的微型盆景漂亮精美，深受欧盟客商和国内消费群体的青睐。这些归功于以下两大经营理念的遵循：

一是精心选择设计适合市场产品。针对欧美花卉市场和国内主要城市的消费群体，开发出造型优美、养护方便且符合家庭园艺审美观要求的产品。

二是植物选择适合于当地气候条件。选择易养护种植、耐修剪、易造型、观赏价值高的植物，如罗汉松、金钱松、波缘冬青、五针松、锦松、黑松、珍珠黄杨、杜鹃和赤楠等微型盆景产品。

现以赤楠和波缘冬青为例介绍微型盆景培育技术。

（一）赤楠出口盆景培育技术要点

赤楠，桃金娘科蒲桃属常绿灌木，主要产自浙江、安徽、福建、江西等长江流域以南地区，是一种地地道道的乡土树种。该树种具有四季常绿、株形小巧、枝叶稠密、造型容易、适应性和抗逆性强等优点，具有很高的盆景艺术价值，尤其适宜开发微、小型盆景产品。

为开发优秀的出口盆栽植物，江北区超艺花木专业合作社开发了赤楠出口盆景，取得了显著的成效。现总结归纳技术要点如下。

1.栽培基地的选择和规划

（1）基地选择。选择向阳、地势平缓、排灌方便、交通便捷、有电力供应条件的地方。基地内须有自来水或清洁深井水供应，周边应无污染工厂及有害生物发病区，四周不能种植高大的遮蔽性植物。苗木繁育区土壤要求为深厚肥沃的沙壤土、壤土或轻壤土，pH值5.5~7.5，通透性良好，土层厚度一般不少于50cm。

（2）作业区规划。基地确定选址后，合理划分生产作业区和辅助用地。生产作业区包括苗木繁育区、小盆景生产区和检疫隔离区。

①苗木繁育区：专门用来繁殖、培育用于小盆景生产的赤楠苗木。可根据实际生产需要细分为扦插育苗区和移植苗区。

②小盆景生产区：是用于生产、培育小盆景的生产区域，可根据生产设施不同划分为露地和温室生产区，也可以根据生产工序不同划分为盆景加工生产区和盆景培育区。温室一般采用连栋或普通单体钢管薄膜大棚。

③检疫隔离区：用于出口小盆景有害生物检疫、除害处理和出口隔离的区域，须相对独立地设置对植株进行冲洗、浸泡等检疫处理和隔离栽培的场地。检疫处理场地须铺设水泥地面。隔离栽培场地宜采用钢管连栋大棚，面积须与2年内出口的小盆景总数量相适应。棚内须建有离地面高50cm以上的水泥平台或架子，大棚顶部用薄膜覆盖，四周须用不小于30目的防虫网围护。

④辅助用地：包括道路网、灌溉系统、排水系统、仓库及物料堆放区、办公管理区、停车场等。主要通道须硬化，道路两旁不得滋生杂草。

2.盆景造型及方法

赤楠出口小盆景的造型应符合自然丰茂、简洁明快、富有立体感的原则。经人工造型并经1年以上培养成型后，高度在5~35cm、冠幅在 5~35cm、地径在0.8~2.5cm，主要采用"S"形或圆球形造型。

（1）"S"形造型方法。选用主干明显、侧枝较发达、枝叶细小稠密且地径在0.6~2.2cm的赤楠苗木作为材料。起出的苗在上盆前用清水将附着在苗木根系上的泥土冲洗干净。选定苗木主干作为盆景的主干。剪除过长根，删剪过密、细弱及交叉生长的侧枝。根据主干粗细不同，选用不同型号的铅丝（镀锌铁丝的俗称），自苗木根茎部开始紧贴树皮向上进行缠绕，铅丝缠绕方向与主干扭曲方向一致，且与主干的横断面呈45°。铅丝粗度以能固定住扭曲的树干而不致树皮、树干破损断裂或反弹为度。将缠有铅丝的主干进行扭曲，使其呈"S"形弯，上下两弯的弯曲弧度均约呈135°。云片枝宜根据苗木规格大小，选择5~11支生长较粗壮的侧枝作云片造型用枝，选用侧枝数量宜为单数，最下一支打造为主片，次上一支打造为副片，最上一支打造为顶片，其余侧枝打造为陪衬片，上下层云片枝间呈前后、左右对侧交互排列。云片造型要根据侧枝粗细不同，选用铅丝进行缠绕、扭曲，使之略呈水平"S"形弯。疏去不符合造型要求的平行枝、重叠枝、细弱枝、徒长枝，剪除上翘的枝条顶端，使云片平整。造型时主片要比副片长1/2。中间陪衬片比副片略短，并要求前后、左右分布合理，大小及布局恰当，错落有序，疏密有致。整个树冠造型呈塔状的不等边三角形。

（2）圆球形盆景的造型方法。选用主干明显、侧枝发达、枝叶细小稠密且地径在0.6~2.2cm的苗木作为材料。起出的苗在上盆前用清水将附着在苗木根系上的泥土冲洗干净。剪除过长根。截去树冠上生长较长枝的枝顶，使树冠呈圆球形。

3. 花盆、基质的选择

造型后的赤楠苗宜选用透气性较好的瓦盆进行种植，换盆后选用长方形、椭圆形、圆形釉盆或紫砂盆种植。盆的规格应视盆景规格大小而定。宜选用混合的无土介质作栽培基质。常用的无土介质有椰糠、泥炭、河沙、蛭石等，混合比例（体积比）为河沙10%、泥炭20%、椰糠70%，或蛭石10%、泥炭20%、椰糠70%，或河沙20%、椰糠80%。栽培基质在使用前须用铁锅在70℃进行热处理5分钟以上，以确保没有感染任何有害生物。处理后存放于独立封闭的储存场所内备用。混合基质一般通气、透水、持水性能较好，不需松土。但浇水不当或大雨冲蚀可能会冲走部分基质，需及时添补。

4. 上盆方法

单株的赤楠上盆种植时，首先要在花盆底部排水孔处放一块网状物，以防止基质从排水孔漏出。用小铲向盆内加入少许基质，然后将苗木放入盆内，一手握住苗干，保持苗木主干根颈部位于花盆中心且与花盆垂直，另一手用小铲向盆内加基质。待基质加至花盆过半时，用一手轻提苗干，使苗木根颈部原土痕高度略低于盆口，另一手轻摇花盆，使根系保持自然舒展，然后用双手手指沿盆壁轻压基质，使基质与根系紧密接触。再向花盆内铲入基质并轻摇花盆，用双手手指轻压基质，然后再轻摇花盆或用手整平盆内基质。基质过多可用手指拨出；若不足可继续添加并轻压、整平。基质高度宜略低于盆口，以便浇水、蓄水，湿透介质。

5. 盆景养护

（1）水分管理。浇水以自动喷灌或滴灌系统为宜。浇水以"不干不浇、浇则浇透"为原则。赤楠上盆后，第1次要浇足浇透水，适当喷洒叶面水。高温季节早晚各浇1次。雨季要及时排除苗床积水。平时要注意保持基质和空气湿润。

（2）养分管理。坚持"少量多次、勤施薄施"原则，以免造成烧苗和环境污染。赤楠的生长初期以施用速效性氮肥为宜，中、后期以施氮肥、磷肥为主。化肥采用撒施法。一般每次每亩施用尿素10kg及N、P、K含量各为15%的复合肥15kg，施后马上用喷滴灌设施浇水，促使肥料溶解并有利于根系吸收。每年以施5~6次为宜。饼肥以腐熟的菜饼、豆饼为宜。采用撒施法，一般在生长初期及中期施用，每次施用50kg/亩左右。每年以施2~3次为宜。

（3）光照管理。新上盆的赤楠小盆景应放在覆盖有50%~70%遮阳率遮阳网的大棚内养护，避免烈日暴晒，待枝叶重新萌发后再揭去遮阳网，适当炼苗。夏季高温晴天时，大棚应覆盖50%~70%遮阳率的遮阳网，避免灼伤，并减少盆景水分蒸发，减少浇水次数。

6. 有害生物管理

根据"预防为主，科学防治，依法管理，促进健康"的方针，加强种苗检疫，发现病虫害感染严重和属于检疫对象的，要立即烧毁；从提高苗木培育技术、增强苗木抗性入手，综合应用栽培、生物、物理、人工、机械、化学防治措施；推广应用低毒低残留农药；交替使用农药；严格执行农药安全间隔期。

7. 杂草管理

要掌握"除早，除小，除了"的原则，一般在杂草较小、基质湿润时采用手工连根拔除。沟、渠、路边的杂草可用草甘膦等除草剂进行喷雾防治。

8. 树形管理

赤楠小盆景枝叶过于浓密时，应及时进行修剪，以保持盆景整体外形美观并符合造型要求。顶片以向上凸起呈馒头形为宜，其余云片以保持扁平为宜。部分植株在初次造型时，一些部位可能因枝条过弱无法扎片造型，可在养护期间待枝叶生长情况能满足造型需要时进行补片。一般在造型10个月后、苗木造型枝条不反弹时可拆除铅丝。

9. 换盆

赤楠盆景初制品一般经1~2年时间养护后可基本成型，须进行换盆养护。换盆宜在春、秋季进行。换盆时，一手抓住盆景根颈部位，手掌张开托住苗木及基质，另一手抓住花盆并将其翻转，即将盆景苗木连同基质从花盆中脱出。重新上盆前应对苗木根系及基质团作适当处理，剪去基质团外围长成网状的根系，用手或铲剥去基质团外围约一半基质，保留护心基质（指靠近苗木根茎部位、根系密集生长的基质团）。重新上盆的盆景应保持原来的构图。

10. 检疫、除害处理与隔离栽培

所有盆景在发运前，须在基地内整株栽培连续2年以上。出口基地在1年内须接受当地进出口检疫部门至少6次间隔合理的正式检查。盆景发运前2周，须抖落原来的栽培基质，或用清水洗掉原来的栽培基质并重新种植在已作除害处理的基质中。发货前约30天，用线虫杀虫剂直接均匀撒施于盆景基质表面，施用量为6~8kg/亩，或每亩用线虫杀虫剂掺细沙25kg混匀后均匀撒施于盆景基质表面，以杀死线虫。装箱包装前，用天邦阿维菌素300倍液+茶皂素300倍液浸泡盆景基质3~4小时杀灭线虫等有害生物。经除害处理的盆景必须在隔离场地内隔离栽培2周以上。

11. 质量检验

出口的赤楠小盆景必须生长健康，外形及规格符合进口国家造型要求，无病虫害，干、枝、叶无病虫危害斑点或斑块。经检疫合格的须开具《植物检疫证书》，在"杀虫和消毒处理"栏中应写明采取的除害处理所使用物质的活性成分、浓度和使用日期，在"附加声明"栏中注明相应苗圃的溯源信息。

（二）波缘冬青微型盆景的制作及养护技术要点

波缘冬青中名叫钝齿冬青，为冬青科冬青属常绿灌木，分布于朝鲜半岛、日本及我国的华东、华中地区。浙江省宁波市江北区慈城镇虹星村作为华东地区微型盆景第一村，从1984年8月引入波缘冬青至今，其栽植历史已达38年之久，笔者经过深入、系统的研究和摸索，目前已充分掌握了波缘冬青的养护要点及微型盆景制作技艺，制作后的波缘冬青盆景表现为枝叶繁密、四季翠绿、秋季挂果盈枝等，是甚为优良的观赏树种；特别是其花叶黄斑品种，叶色斑斓、叶形奇特、美丽大气。将

老桩制作成根露爪桩景，枝干弯曲古雅，赏心悦目，成为江北区出产盆景的一大优势。目前，波缘冬青盆景制作水平十分精湛，在国际市场已占有一席之地，深受欧美市场客商的青睐和称赞，每亩栽植盆景0.70万盆，产值达到11.68万元，值得进一步扩大栽植规模，以此做大做强微型盆景产业。为全面推行波缘冬青这一盆景树种，现将波缘冬青盆景的制作和主要管理技术介绍如下，以供参考。

1. 盆景制作

波缘冬青盆景制作上以"大方、清雅、美观、协调"为原则，切忌矫揉造作、杂乱无章。由于波缘冬青生长缓慢，一般以小中型盆景素材为主，造型为"S"形、悬崖式、球形、直干式等，生产上采用较多的是"S"形和悬崖式造型两种技艺。"S"形造型的操作要点可参照赤楠执行。悬崖式造型的操作要点：悬崖式小盆景宜选用含主、副双干，或主干明显、侧枝较发达，地径在0.6~2.2cm的苗木作材料；洗根、修枝、铅丝缠绕等可参照赤楠执行；将缠有铅丝的主片侧枝进行向下扭曲略呈斜"S"形弯，枝干伸出盆口后向下倒挂，枝条曲线飘逸，云片长度以主干高度的2倍为宜；其余云片造型技术同赤楠"S"形造型。

值得注意的是，由于波缘冬青树干坚硬，粗度在2cm以上的树干要让其扭曲，需先用锯子沿树干一侧分段锯之，锯深达主干直径的1/3，长度以3~6cm为宜，然后再用铅丝缠绕进行扭曲。

2. 养护

（1）讲究放置场所。波缘冬青通常较为耐阴，枝叶繁密，宜将其放置在庇荫之处，不应在强光照下长时间暴晒。夏季宜对其进行遮阴处理或放置于大树下，并经常喷水，以保持环境湿润；冬季一般应将盆景放置于在室内。

（2）加强水分管理。对波缘冬青而言，以"不干不浇、浇则浇透"为养护要点。炎热高温的夏季和干燥的秋季，宜在早上和傍晚各浇水1次；冬季与春季，则于每天早上浇水1次即可满足整天的水分需求。夏天温度高时，挖苗后裸根不能暴晒，以免太阳直射后植物根系缺水而干枯，造型时间最好在秋冬季进行，树干扭弯不会因此而失株、失片。

（3）注重施肥管理。盆土的养分不足时，会使植物出现枝条细弱、叶片发黄等现象，这时就需要施肥。波缘冬青施肥应酌量进行，不可施肥太多任其疯长，也不能施肥太少，显得长势孱弱，应维持"半饥半饱"的状态。肥料一般可施用复合肥或饼肥，宜施在盆口上面，每亩施用复合肥15~20kg或饼肥50~75kg。

（4）做好整形修剪。波缘冬青耐修剪且萌芽性强，在秋季需进行1次整形修剪。修剪时应根据造型需要，剪为层片状或伞状，生长期剪去徒长枝和萌发枝。

（5）强化翻盆管理。养护两年后的波缘冬青盆景，因根系发达、盘根错节，种植泥土介质损耗严重，不利于水分保持和营养供应。秋冬季节，应及时换盆，剪掉一部分老根，换上新的泥土和介质。换盆后应浇透水，并搭建遮阳网等设施，将其放在半阴半阳的场地进行养护管理。

（6）注重病虫害防治。因波缘冬青生长在有限的盆土中，其抗病虫害的能力比同种地栽植物要弱，故平时应重视预防病虫害。一旦发生病虫害，应按照"治早、治小"的原则。波缘冬青上常见的虫害以蚧壳虫、红蜘蛛为主。蚧壳虫危害后，常伴发煤烟病，引起枝叶枯黄、树势早衰甚至死亡。对蚧壳虫防治，宜采取天敌治虫的方式。蚧壳虫天敌很多，如软蚧蚜小蜂、红点唇瓢虫等。冬季可用40%石硫合剂清园，生长期间避免使用广谱性和剧毒杀虫剂，蚧壳虫发生严重时可使用化学防治，即在蚧壳虫卵孵化盛期和即将进入越冬状态时施用40%速扑杀乳油，防治效果甚好。

红蜘蛛喜在波缘冬青叶片背面吸取汁液危害，表现为叶片发黄、出现小白点，不久之后枯黄脱落。防治红蜘蛛的方法为喷施杀螨类药剂。经试验筛选，应用较多的是艾满乐、哒螨灵。在防治红蜘蛛时，须掌握三大关键环节：一是选准、选好药剂，选用对其天敌伤害较小的杀螨剂，如可施用43%联苯肼酯悬浮剂（艾满乐）1500～2000倍液、15%哒螨灵微乳剂1500～2000倍液等；二是避免在低温时用药，气温稳定在22℃、红蜘蛛发生危害初期用药效果较好，在大风或预计1小时内降雨的天气，请勿施药；三是交替用药，以避免红蜘蛛产生抗药性。

专家点评

郑国明，宁波市江北超艺花木专业合作社创始人兼负者人，是宁波市微型盆景产业的带头人。从事微型盆景产业四十余年来，他始终秉持"尊重科学、勇于尝试、不断创新、规范生产"的技术工作理念，凭借着对产业的喜爱和对乡村的情怀，他积极开展技术成果推广转化、示范引领等工作，通过项目实施、技术指导、培训教育、销售渠道共享等多途径多方式，有力带动当地特色微型盆景产业技术提升、品种创新，带动当地百姓走上共同增收致富道路。

点评专家：王建军

朱孟定

　　朱孟定，男，1964年10月出生，浙江省宁波市北仑区人，中共党员，园林绿化专业工程师。现任宁波市北仑区宏大花木有限公司总经理、宁波市北仑区清泰水果专业合作社社长、宁波市北仑区清泰水果研究所所长，兼任北仑区葡萄产业农民合作经济组织联合会会长、宁波市北仑区第四届政协委员。1995年被评为区级劳动模范、宁波市农村青年星火带头人；1997年获评宁波市北仑区第二届十大优秀青年；1998年获评浙江省百名优秀农民技术人员；2017年获聘宁波市林业局林业乡土专家；2018年获聘中国林学会中国林业乡土专家；2023年获聘国家林业和草原局林草乡土专家。

科技攻难关，'妮娜'放艳彩

朱孟定

一、从业经历与成就

（一）"打工仔"初种葡萄见成效

1981年，我从镇海县大碶中学（现属北仑区）高中毕业后，先后打零工、进外企。3年后，学木工，做木匠7年。有了一定资金积累后，1991年，北仑区建立了"102"综合农业小区，我承包了15亩土地，开始种植葡萄，率先在浙江省引进中国科学院植物研究所选育的'京亚'葡萄，种植'京亚'葡萄10亩、'巨峰'葡萄5亩。由于缺少技术，我便向葡萄主产区之一的慈溪市葡萄专家上门请教，购买书籍向书本学习。通过科学的管理与精心的培育，第二年销售就达20多万元，在当地引起轰动，同时也带动了包括慈溪在内的葡萄产区的品种改良。

（二）多业经营，发展壮大产业

随着各地农业产业结构的调整，葡萄产业大面积扩张，新品种不断涌现，产业比较效益下降。随着社会的发展，我看到观赏花卉市场量大、经济效益好，于是在1996年转型发展观赏花卉，种植当时市场紧俏的瓜叶菊，抓住了市场机遇，取得较高的经济效益，同时开展观赏花卉的租摆业务。2002年，我成立了宁波市北仑区宏大花木有限公司，注册资金1010万元，承接花卉租摆和园林绿化、林业工程的规划、设计、施工等业务。截至目前，公司经营良好，年产值稳定在2000万元。

（三）响应政府新农村建设，建设万亩水果产业化基地核心区

2009年，配合区政府九峰山新农村建设，对征而未用的土地进行统一规划，建设北仑区万亩水果产业化基地。编制了《宁波市北仑区大碶街道万亩水果产业化基地可行性研究报告》，同时承担了当时500亩的万亩水果产业化基地核心区的建设与运行。随着土地征用和"非粮化"整治，目前核心区基地面积还有100多亩。接受任务后，主要通过引种名优水果新品种，先后引种葡萄新品种'甬优1号'（现定名为'鄞红'）、'阳光玫瑰''浪漫红颜''妮娜皇后'和柑橘新品种'红美人'等十多个品种。

（四）潜心实践破难题，科技创新铸就辉煌

由于传统产区葡萄产量高，同质化竞争激烈，产品过剩，葡萄销售困境突出，产品积压成为常态。如何加快葡萄新品种的本土化进程，及时跟进国内外市场，引进葡萄新品种进行栽培种植、提升品质、增加产能是农户面临的一大课题。2021年，我从外地高价引进葡萄新品种'妮娜皇后'，是国外选育的四倍体欧美杂交种，它具有果粒大、质地优、色泽鲜艳、果肉细腻、口感清脆、风味独特、耐贮藏等特点。果实完全成熟时为鲜红色，犹如红宝石，平均单粒重15g，最大可达20g以上，平均单穗重580g，最大可达1000g，可溶性固形物含量23%，有草莓、奶油和红酒等特殊香味，平均甜度高达22°Bx，亩产可达1500kg，目前市场售价高达200元/kg以上，亩产收益非常可观。'妮娜皇后'自问世以来，深受消费市场喜爱，但因该品种着色难，落果严重，种植技术难度大，价格居高不下、供不应求，是未来几年极具发展潜力的高端葡萄品种。经过一年多20多次试验，采用多种技术手段研究，终于克服该品种沿海地区种植着色难的问题。2023年，投产的4亩'妮娜皇后'葡萄结果7000多串，总产量达到5000kg，产值达120万元，平均亩产量达1250kg，亩产值达30万元，创造葡萄最高亩收益。在2023年长三角三省一市葡萄推介活动中荣获金奖。

（五）开展技术推广，带动群众共同富裕

近几年，本人借助线上线下渠道进行技术帮扶，线下指导周边群众上百户，为群众提供优良品种苗木，培育与销售新品种葡萄苗木25万株，将技术推广至浙

江省丽水、金华及安徽、江西、云南、福建、江苏等地。每年有来自全国各地的种植户上门请教。

二、'妮娜皇后'葡萄的种植技术秘诀

（一）建园

1.园地选择

园地宜选择温暖、昼夜温差大、光照充足的地区，能建大棚。需交通便利，水源充足，排灌方便，无重金属污染，远离工业区及周边排污的区域。

2.土壤

土壤要求疏松、肥沃、透气性强、保水性良好及有机质含量高，可选用沙质壤土或园地土，亦可通过改良使优质表土形成40cm的有效土层。土壤pH值为5.5~7.5，若超出上述指标需进行改良，同时盐分控制在0.4%以下。

（二）品种选择

选择正宗、优质且经过检疫无虫害的'妮娜皇后'葡萄种苗。种苗来源可靠，其茎的直径在0.15cm以上，以'贝达'作为砧木为佳。

（三）定植

定植时间最好选择1~3月。栽植时需挖定植穴，避免过深，要使根系充分舒展。若基肥中有机肥量充足，可用素土围根避免肥害。种植前期可考虑进行限根栽培，有利于营养吸收，促进果实着色。选择"H"形架式的栽植株行距为1m×6m，采用"一"字形龙骨架的栽植株行距为2m×3m，浇水后覆盖一层地膜保温保湿，精细管理状态下，栽后第二年亩产可达750kg，实现促早丰产效果。

（四）田间管理

1.土壤肥力检测

隔年对土壤内各种元素进行检测。根据检测结果结合葡萄产量，计算出土壤所缺失的肥力元素并进行补肥，特别是钙、镁元素的补充。

2. 施肥

使用肥料坚持以有机肥为主、无机肥为辅，根施为主、叶面肥为辅的原则。

（1）采用水肥一体化管理，精准掌握葡萄的施肥量和配比，合理施用适合各个生长阶段的肥料。萌芽前：每株追施尿素0.2~0.3kg，促进萌芽整齐。花前5天：结合浇水每亩施三元复合肥15kg及5kg大量元素水溶肥。幼果膨大期：浇腐熟有机肥沼液或大量元素水溶肥加入菌肥复混，特别重视对中量元素Mg和Ca及B、Zn微量元素进行补充。尤其在使用植物生长调节剂促进膨大后，膨大肥和水分要及时补充，做到每周一次水，隔周一次肥。着色期初期和着色期：每亩施15kg硫酸钾复合肥及5kg高钾水溶肥，间隔10天施1次，促进转色，增加糖分积累。通过水肥一体化系统补充菌肥、腐殖酸、多肽蛋白等有机肥料。

（2）采收结束，每亩增施5kg大量元素水溶肥，促进树势尽快恢复。如树势较弱，宜隔10天再施一次。9月每亩增施高磷高钾复合肥，结合根外追施磷酸二氢钾，促进新梢成熟和花芽分化。

（3）秋施基肥，在葡萄植株两侧挖施肥沟，每株施用羊粪15kg，配合1~2kg钙镁磷肥和0.5kg复合肥与土壤混合后施用，施肥后覆土浇透水。

（4）叶面肥主要在坐果期和果实膨大期施用，坐果期加入磷酸二氢钾、硼等微量元素，提高坐果率；膨大期可喷施0.2%~0.5%磷酸二氢钾及复硝酚钠等叶面肥，而且注重对Ca、Mg的补充，提高抗病性和果实品质。

3. 水分管理

通过滴灌技术，确保葡萄根系对水分的有效吸收和利用，节约用水，减少浪费，节约成本。

（1）伤流期至萌芽期。进行滴水，做到土壤湿度在80%以上。也可通过高压雾化喷水等设备对葡萄枝条进行喷水加湿，提高萌芽率。

（2）花期。在水分充足情况下，碳水化合物过多影响坐果，要严格控水。结合地膜覆盖，减少空气湿度，能明显控制花期灰霉病的发生。

（3）幼果膨大期。植株生理活动旺盛，蒸腾作用增加，应及时补充水分。

（4）着色期。控水；防止裂果。控水也是保证上色的重要环节。

（5）浆果成熟期。要控制水分，保证果实品质。

（6）果实采收后。果实带走了株植的大量营养，葡萄采收后，尽快供肥供水，促进营养吸收、树势恢复。

（7）采收结束到萌芽前。控制土壤水分在60%~70%。土壤干燥时及时补水。

（五）整形修剪

1. 架式

定植后，选强壮新梢作为主干，主干高度低于架高20cm处摘心培养左右相对的第一、第二亚干，然后从亚干前端各分出前后两个主蔓，完成"H"形的构建。

2. 修剪

冬季修剪时以短梢修剪为主，结果枝选留2个芽，为翌年双枝更新打好基础。

3. 抹芽

萌芽期抹除副芽、隐芽、竞争芽及向下芽。

4. 绑蔓

新梢长至40cm时进行绑扎固定，一般分两批进行，保证每亩有2200~2500根新梢。

5. 强摘心

为促进花穗发育充实，开花前15天在花前3~4叶处进行摘心。

6. 副梢处理

花穗以下处（含花穗），留一叶摘心，其余抹除，顶端留两芽后反复进行2叶摘心，确保有15张以上、0.6m²以上的全叶供应一串葡萄。

7. 摘老叶

适时去除基部的老叶，增加叶幕透光透风能力，促进着色和枝条成熟。

（六）花果管理

1. 合理控产

每亩留1500穗，单穗30~40粒，单串重500~600g，亩产应控制在1000~1200kg。

2. 花穗整理

始花前3天将花穗剪留至先端3.5~4cm。

3. 疏穗

花后5天开始按负载量进行定穗，每亩留果穗1500穗。

4. 疏果

在盛花后第7天开始疏果，确保每穗果粒控制在30~40粒，支穗轴以保留15档为宜。

5. 裂果

'妮娜皇后'葡萄是四倍体欧美杂交种，在转色前期可能裂果，需及时摘除裂果，补充钙、镁元素。同时，要注意控产与保持水分的平衡供给，若水分不平衡，时湿时干容易造成裂果。

（七）着色管理

着色是'妮娜皇后'葡萄管理难点，主要是温度、水分与光照的控制。

1. 温度调节

'妮娜皇后'葡萄转色期最适宜的温度是白天30℃左右、夜间17~20℃。需要根据生长地区环境温度，调节果园小气候，增强果园通风，降低夜温，促进花青素合成，推动葡萄提前进入着色期，有效控制昼夜温差，避免夜温过高造成葡萄转色困难。

2. 新梢管理

'妮娜皇后'葡萄每亩新梢控制在2200~2500根，在萌芽至5cm时及时摘除副芽、向下芽和特别长的芽，按单侧每米保留5~6个新芽为准，待新梢达到40cm时进行引导，开花前15天对花前4叶进行摘心。花穗后副梢（含花穗处）留一叶摘心，花前副梢除新梢最前端冬芽保留外，其余全部抹除。当新梢新端冬芽生长至4叶时摘心，之后留2叶反复摘心。如此操作既能确保坐果部位的叶幕适光度，又能有足够的叶面积制造养分，促进果实着色。

3. 控产管理

生产大穗和超大粒果固然能吸引消费者，但对'妮娜皇后'的着色带来难度。理想化的果穗宜在500~600g，每穗30~40粒，每粒重控制在18~20g，每亩控制在1000~1250kg为宜。

4. 增铺反光膜

在浆果转色前期，用银色反光膜铺设地面，能起到补光作用，促进葡萄转色，但要注意高温季节，银色反光膜能使大棚内的温度升高，对葡萄造成伤害。

5. 主干环割

传统已知的环割可解决着色问题。但环割会使根伸长停止，因此担心会使树势衰弱，所以对环割的要求相当严格。'妮娜皇后'的环割时间在盛花后30~35天进行。当处理主干时，宽度以5mm左右为宜，深度到木质部但不能伤害木质部，用塑料薄膜带包扎剥离部分，促进愈合。按照该方法进行环割剥皮，则不会出现不良愈合情况，也不会使树势衰弱。

6. 增钾丰镁补钙

使用磷酸二氢钾进行叶面喷施。根据观察，'妮娜皇后'极易出现缺镁现象，且鉴于其大粒、高糖度、肉质硬的特性，可认为其对钾、镁和钙元素相当敏感。在适宜的培养土壤中，速效钾含量应达到250mg/kg、全镁含量达到600mg/kg、钙含量宜在1000mg/kg以上。同时，在不同生育期及时进行补充。特别是挂果后对镁和钙的吸收加快，宜采用叶面喷施和追肥同时进行的方式。

7. 控水

控水能够制约植物对氮元素的吸收。在着色期控水，能显著促进'妮娜皇后'转色。盛花后40天，逐步把土壤中的水分含量控制在50%左右，能有效促进着色。

（八）病虫害防治

贯彻"预防为主、综合防治"的植保方针，减少化学防治，提倡生物防治和物理防治。在萌芽后覆盖地膜，着色期不滴水，有效控制大棚内湿度，可减少病虫害的发生。

（1）绒球期喷洒2~3波美度石硫合剂对果园进行清园处理。

（2）花前喷80%速克灵1200倍液，花后喷施佳乐1000倍液，结合硼肥、磷酸二氢钾各施一次。

（3）在浆果膨大期及幼果期喷一次吡唑醚菌酯1200倍液，浆果着色前喷一次戊唑醇1000倍液，浆果成熟前为控制农药残留，每隔7天用益生菌进行喷施，达到以菌杀菌的目的。

（4）病害传播主要有病原菌、合适温度及合适的湿度三个关键要素。所以在幼果期和浆果着色期开始铺地膜，控制大棚内空气湿度，能够显著减少病害传播，降低果品的农药残留。

（九）生长调节剂在'妮娜皇后'上的应用

1. 强迫休眠

宜在11月20日前后对'妮娜皇后'用40%乙烯利600倍液进行喷雾，让叶片的养分尽快回流到主干上，乙烯利具有植物激素作用，能增进乳液分泌，加速果熟，起到催熟作用，从而促使葡萄提早进入休眠期。

2. 破眠促芽

12月15日左右完成修剪后，用50%单氰胺40倍液对葡萄芽眼进行破眠处理。

3. 保花保果

开花期满开后，利用赤霉素20mg/L+氯吡脲2mg/L进行浸花处理，处理的要点是花开满后1~3天内进行处理。为防止药液变干，应在9:00前、15:00后进行处理，处理后不要晃落果穗上附着的药液。若土壤干燥，在处理前需浇透水。根据天气条件、树势、叶幕透光度及灰霉病感染情况，适时选择浸花时间，这是减少疏果用工的重要环节。

4. 整穗促果

第一次处理后，第7天及时对果穗进行轴长调整，剪除上部果梗，调整后的轴长为5~6cm，再过3~7天进行第二次赤霉素处理，浓度为25mg/L。

（十）采收

当浆果已充分成熟，可溶性固形物含量在23%以上，并已充分表现出该品种固有的色泽和风味时进行采收。及时采收可避免影响树势恢复。

专家点评

朱孟定同志在过去的二十多年中，一直致力于葡萄等水果的引种、试验、推广、栽植技术研究，不断淘汰、更新品种，引领着市场方向。他对葡萄的种植有独到见解，把品质看作农民的生命线，用工业产品生产的思维来对待农业生产，依靠科技力量不断探索技术进步，用汗水浇灌出丰硕的成果。二十多年来，他不但自身和合作社屡获荣誉称号，还积极参与科研、推广工作，带领北仑及周边农户走上科技致富的幸福路。

点评专家：张望舒

蒋
思
金

　　蒋思金，男，1964年11月出生，浙江省宁海县人。现任宁海县茶山黄坭注家庭农场有限公司总经理。2016年被宁波市林业局聘为宁波市林业乡土专家，2017年被中国林学会聘为中国林业乡土专家。其创办的家庭农场被评为宁波市级示范性家庭农场，2021年被评为浙江省示范性家庭农场。

弃海上山，打造绿色银行

蒋思金

一、创业历程

2000年前，我一直从事海产养殖。2000年后，我看到家乡的山林资源没有得到很好开发利用，特别是高山远山，长年失管，效益低下，逐渐萌发了"弃海上山"的想法，将发展目标从海涂转向山上。2003年，我怀揣3000多万元海产养殖资金，与宁海县茶院乡、力洋镇交界的黄坭注2个村签订了3500多亩高山林地、承包期为期40年的流转合同，开始了轰轰烈烈的山林开发之路。期间，新造林区道路10km以上，设施用房超1000m²，种植杨梅3000多株、香榧1000多株，开发毛竹林500多亩。2005年，成立了宁海县山之金木专业合作社；2006年，成立了宁海县茶山黄坭注果木家庭农场；2019年，升级为宁海县茶山黄坭注果木家庭农场有限公司。

林业产业投入大且见效慢，我在海塘滩涂养殖技术方面是内行、专家，但对于山林开发却完全是外行。起初，人云亦云，别人种什么自己也跟着种什么，走了不少弯路。由于生态保护政策的变化，历经十多年的开发，只有投入却无经济收入，当初怀揣的3000多万元的现金已用尽，也明白了没有科学技术，盲目发展是不行的。2017年，我有机会参加宁波市林业园艺学会举办的林下经济培训班，学到了林下经济知识，请教了专家，并邀请专家实地调查指导。专家建议因地制宜，扬长避短发展自己优势产品，制定了"千亩千万"规划目标。专家们指出，地处高山，气候条件、土壤条件优越，资源丰富，但交通不便，要发展平原地区所缺少的产品。在专家的指导下，我开始种植黄精，发展林下食用菌及毛竹春笋冬出覆盖等优势产业。

目前，已发展林下仿野生栽培的黄精达600多亩，建立了宁波市级"特色药园"，年生产"九蒸九晒"特色黄精产品超3000kg，开发黄精酒等深加工产品。由于采用仿自然种植技术，产品质量高，客户慕名而来，订单量大增，成功打造生态品牌，注册了"黄坭注"商标。此外，还建立竹荪、黑皮鸡枞、大球盖菇、羊肚菌等优良食用菌50多亩，开发毛竹笋用林面积200多亩，毛竹覆盖面积20多亩，每年加工优质精品笋干超5000kg。近几年来，收益倍增，为实现"千亩千万"目标打下了基础。我自己也从林业外行转变成林业乡土专家。

二、黄精仿野生生态化栽培与加工技术秘诀

黄精是多年生食药同源的中药材，近几年在各地发展迅猛，但也存在种源混杂及盲目发展的问题。根据本人多年生产经营黄精的经验，着重将以下几个技术秘诀与大家分享。

（一）把好种和种源关

黄精属种类众多，列入《中华人民共和国药典》的仅3种，分别是滇黄精、多花黄精和黄精。浙东地区（包括宁波）分布的主要是多花黄精，当地老百姓称之为"山捣臼"。未列入《中华人民共和国药典》，但民间在广泛应用的主要有长梗黄精和玉竹，在天台山与四明山区域广泛分布。浙东地区的老百姓普遍认为，长梗黄精药效好于多花黄精，多采挖长梗黄精。为了黄精产品的销路，我们建议在宁波、浙东地区还是选择以多花黄精为主栽种，适当发展长梗黄精以满足部分消费者的需求。

种源宜选择多花黄精野生主产区，就近采集，要求物种纯正，适合当地生长，且保持一定功效，防止外地来源不明的种源流入本地，以保持黄精的道地性。

（二）把好种植地选择关

黄精属植物喜阴湿潮润环境，耐阴、耐寒性强，在干燥环境生长不良，在湿润、荫蔽的环境生长良好。同时，黄精还喜生长于土壤肥沃、表层水分充足、上层透光性强的林缘、草丛或林下开阔地带。在密林下，透光性差的林下，少见黄

精分布。在透光度70%以下的毛竹林下分布较多，在覆盖度低于70%的次生林、灌木林地也能发现黄精分布。但目前由于大量的乱采乱挖，野生资源也在不断下降。黄精自然生长在深山无污染的环境中，因此，优良的种植地应选择在海拔300m以上800m以下、无农药和化肥以及汽车尾气污染的山地，以郁闭度0.4~0.6的森林下种植为最佳。避免在有农药、化肥以及汽车尾气和重金属污染的农田中种植，以免影响黄精的药用功能。

（三）把好种苗繁育关

前几年由于盲目采挖野生黄精，资源破坏严重。建立高质量的黄精基地，需要有高质量的种苗。

1. 多花黄精的种子繁育

（1）采种时间。当多花黄精的果实变黑成熟时采种，宁海地区黄精果实在8月中下旬至9月上旬成熟。在多花黄精种子充分成熟时，及时进行采种。

（2）采种及果实处理。将多花黄精果实连同枝条一并收割下来，也可以一颗颗果实单独进行采收。将采集的果实进行清理，去掉枝叶及杂物后集中堆放，上面覆盖塑料薄膜，尽量密封。经过7天堆沤后，待大多数果实软熟的情况下混合泥沙进行搓洗，漂浮出种皮等杂质与瘪果，去掉底下的泥沙，放在阴凉处晾干。

（3）种子贮藏。种子贮藏用湿润河沙，一层河沙一层种子，上面覆盖湿麻袋保湿，同时做好防兽害、虫害工作。

（4）种子处理。多花黄精种子具有严重的休眠现象，需要采取一定的种子处理才能打破休眠。需要通过消毒、层积、光照、浸种、外源生长素调节等方法进行打破休眠处理。试验表明，沙藏层积处理、种子浸种以及黑暗条件下能打破休眠，并提高种子萌发率。因此，采用种子沙藏层积3个月，在播种前用40℃的温水进行种子浸种24小时后直接播种。

（5）播种前圃地清理。在12月至翌年2月上旬进行圃地清理，将清理的杂草晒干后制成焦泥灰备用。对土地进行深翻，深度达30~40cm，敲碎土块，筑好苗床，苗床的宽度约1.2m，开好排水沟。

（6）播种。由于多花黄精种子繁育生长较慢，对圃地要求较高，苗床需加一层厚为3cm左右的沙土，以防止杂草生长。在3月中旬，将经过层积处理的种子直接在苗床上进行播种。播种采用条播，条宽5cm、深度2~3cm，条间距

15~20cm。将种子均匀撒在沟内，然后施用备好的焦泥灰或香灰土，厚度约2cm，再覆盖稻草保湿保温。

（7）田间管理。在春季播种，一般播种后20天左右开始出苗，应及时揭草，并进行除草和追肥。追肥最好用经充分腐熟的人畜粪便加水稀释浇施，也可用1%浓度的尿素进行浇施。进入初夏时，搭遮阳网。及时防治病虫害，经常会发生蛴螬、地老虎危害幼苗根茎，可用敌百虫进行喷杀。用种子繁育的苗生长较慢，一般当年生长只有1叶，长4~5cm，块根小，一般长只有1cm左右、粗0.6cm以下。

（8）移植。1年生种子苗一般在8月地上部分开始枯死。在10月中下旬至12月上旬，保留合理数量的小苗，将多余的小苗移植到其他苗床。翌年3月开始长叶，一般长3~5片叶，年生长高达15cm左右。到9月上旬叶子开始枯死，经挖掘发现黄精一般根长达2~3cm、茎粗约1cm。于10月中下旬至12月可以出圃进行种植。种子育苗的缺点：1年生苗期生长缓慢，成苗时间长，培育时间长，除草及日常管理劳动成本较高。

2.多花黄精根状茎繁殖技术

（1）根状茎繁殖材料的选取。目前多花黄精尚无栽培品种，主要以野生分布地采掘的根茎或人工栽培的根茎作为繁殖材料。一般在秋季采挖，将野生黄精连根挖起来，把多年生的老根状茎作为药材进行利用，将当年生的嫩根段用刀片切开，每段保留2个以上无病虫害的健壮芽，作为种苗进行利用，原则上随采随种。

（2）圃地选择与整地。为大面积在林下进行人工种植，需要培育大量的合格种苗。选择土壤疏松、肥沃的山地黄壤（俗称香灰土）或沙壤质红壤，在林中空间或附近山地进行细致整地，敲碎土块，平整土地，做1.2m宽的苗床，并开排水沟。

（3）育苗。10~12月时可以随采随种，种植密度为行距25cm、株距10cm，挖3~5cm深的小穴，种入根茎块后覆土，浇足水分，覆盖5cm厚的稻草或经竹林覆盖后的砻糠，以保温保湿。在宁波地区一般农历正月下旬至2月上旬就可以发芽出土，进入日常管理。当5月下旬强烈阳光照射下，出土的幼苗容易灼伤，需要架设遮阳网进行遮阳，并及时除草。10月以后地上植株逐步枯死，第二年早春又开始生长。

（4）出圃。经过2年的生长，根茎已生长一定数量，作为种苗繁殖材料最佳。经试验测定，每平方米可收获鲜黄精2.6kg，健壮总芽量达260个。通过育苗大大增加了种苗数量，种苗质量保持黄白健壮芽，无病虫害，符合种植要求。根据种植时间，适时起挖出圃。

三、把好林下仿野生生态种植关

多花黄精营养生长与生殖生长具有规律性，可分为四个时期：一是营养生长期，从3月中旬至4月下旬；二是营养生长与生殖生长并进期，从4月下旬至6月初；三是生殖生长期，从6月初至9月下旬果实完全成熟；四是过渡期，从9月下旬至翌年收获根状茎。应依据这四个时期，科学管理黄精，实现黄精优质高产高效目标。

根据黄精野生的生境条件，营造最佳黄精生长环境，根据"种植地选择关"的技术要求选择黄精种植地。

（一）林地清理

林下种植一般为阔叶林、针叶林或者是毛竹林。种植前第一步要进行林地清理，对阔叶林、针叶林要进行森林抚育，将小径材及时砍伐，整理树冠、人工整枝，保持林分透光度达40%~60%。如果是毛竹林，砍伐老竹、小竹，调整毛竹林密度与结构，将竹子散生分布改为水平带状分布，将砍伐带的竹子砍伐，带宽1.5~1.8m，保留带1.5m左右，将保留带中的竹子进行钩梢，保持竹林的40%~60%的透光度，有利于林地套种和操作。将清理后的竹秆及梢头、枝条等清运出林地外，进行粉碎处理，另作用途。

（二）整地

从9月下旬开始，在林地清理后，在砍伐带进行带状垦覆整地，土壤深翻30cm以上，垦覆宽度80cm左右，带内铺施优质腐熟农家肥厚度10cm，将表土进行覆盖，整平耙细后待种。

（三）种苗的选择

目前，黄精种苗主要来源有野生采挖的根状茎、用根状茎圃地育苗和种子繁育。绝大多数是通过野生的黄精根状茎进行繁殖，这样往往会造成种源混杂、优劣不分，同时有很多人把长梗黄精误当作多花黄精，导致品质下降。种子繁育的黄精由于存在变异会造成品质不稳。种苗要选择培育合格的种苗。在没有人工育苗的情况下，宜选择无病虫害、生长健壮的野生多花黄精，采收后将当年生的根状茎切下，切口用多菌灵浸泡一下后种植。

（四）栽植

宁波地区一般在秋冬季节种植比较好。通常在秋冬季节采收多花黄精，在整好的林下种植带中，将刚采收的黄精嫩茎进行种植。每带种植2行，挖穴栽植，每穴定植1块带芽的根状茎，覆土，浇透水，再覆盖细土与畦床相平。

（五）田间管理

（1）中耕除草。每年7~9月各进行1次中耕除草，禁用化学除草剂，注意除草松土宜浅不宜深，经常在根部清沟培土。

（2）水肥管理。不施化肥或复合肥，以施有机肥为主，基肥施堆肥、厩肥、饼肥，定植前施腐熟饼肥。

（3）疏花摘蕾。摘蕾疏花打顶是提高黄精产量的重要技术措施。黄精以根状茎入药，开花结果会使营养生长转向生殖生长，而生殖生长阶段耗费了大量营养。因此，以地下根状茎为收获目标的黄精，应在花蕾形成前期及时摘除花蕾，以阻断养分向生殖器官聚集，促使养分向地下根茎积累，使新茎生长粗大肥厚。一般在5月初剪掉黄精花蕾。

（六）病虫害防治

林下新种植的黄精，应保持合理的密度，不宜种植过密，过密容易引起病虫害发生。病虫害防治应坚持以预防为主，保持林地的整洁。

五、采收与加工技术关

（一）采收

在宁波地区，采用根状茎繁育的多花黄精在林下生长4年可进行采收。采收季节一般以10月下旬至12月秋冬季为宜，此时根茎肥厚饱满稳定。目前存在5~6月开花就进行采挖的情况，这往往造成资源的破坏，同时也会导致黄精品质下降。

黄精采收根茎标准：根状茎饱满、肥厚，表面泛黄，断面呈乳白色或淡棕色，最好选择无霜冻的阴天进行采收，按照黄精移栽方向逐行带土挖出，经短时风干，抖除泥土，注意不碰伤根状茎，无须去掉须根，在产地加工之前忌用水清洗。将嫩茎切下，进行处理后作种苗用。

（二）加工

加工前去除须根，用清水清洗，去除泥土与杂质，用蒸笼蒸约20分钟至透心后，取出边晒边揉至全干即可作为初级产品出售，也可作为深加工的原料。分级以块大、肥润、色黄、断面半透明者为最佳。黄精精加工按传统的炮制方式需要"九蒸九晒"，可作为食药两用产品使用。

专家点评 ————

蒋思金同志诚实执着，富有冒险精神，在林下经济（黄精、竹笋、食用菌等）产业发展过程中，依靠科技，虚心求教，积极实践，塑造了一个新时代中国特色农民企业家的光辉形象，是当代中国林业乡土专家的优秀代表。

蒋思金同志是最早从事海产养殖的农民之一。20多年来，他弃海上山，秉持"两山"理念，持续探索和亲身实践，系统总结出一套黄精种苗选育、林下仿野生栽培和采收加工等关键秘诀技术和有效的产品质量控制与经营管理经验，具有较高的学习和推广价值，可供黄精经营者和科研、推广等相关工作者参考借鉴。

点评专家：谢锦忠

曹华安

　　曹华安，男，1962年2月出生，浙江省慈溪市人，中共党员。现任慈溪市丰田实验农场场长、宁波市林业乡土专家联盟监事。2007年被评为宁波市首届"十大水果能手"，2013年获宁波市"果树栽培工程师"资格，2014年被聘为宁波市林业乡土专家，2017年被聘为浙江省林业乡土专家，2018年获聘中国林学会中国林业乡土专家。

石匠的二十年"梨"路，实现共富梦

曹华安

一、创业历程

在改革开放和农业产业结构调整以前，本地以种棉花为主产，是典型的产棉区，当时农业收益都很低，加上家里兄弟姐妹众多，生活过得很艰辛，父母为了增加家中收入也动了不少脑筋，让我学了一门石匠的手艺，成家后生活条件有所改善。

（一）'黄花梨'新品种的引种，开启蜜梨栽培之门

1985年，随着改革开放和农业产业结构的调整，周巷镇开始引进种植了浙江农业大学沈德绪教授新选育的梨新品种——'黄花梨'。经过沈教授的实地指导，果农们精心栽培管理，投产后取得了很好的经济效益。于是种植农户多了，面积也不断扩大，到1997年已经成了闻名全国的"中国黄花梨之乡"，经济效益显著。同时，培育了一批精通黄花梨栽培技术的当地果农。

（二）义无反顾扩大种植规模，创办家庭农场

黄花梨造就了一批以小户种植经营为主的农户（其中也包括我），但经营规模比较小，一般每户不超过3~4亩。黄花梨的品种优势尚未充分发挥，发展潜力巨大，周边仍有很多适合梨种植的土地。初尝甜头的我看到了这个商机，把目光投在了周巷镇西北面的一片面积约300亩的"鬼叫畈"荒地。此地位于慈溪市周巷镇与余姚市朗霞街道交界处，交通不便，田间仅有一些小路，连三

轮车都不能通行，当时要承包这畈土地，也遭到了家里人的反对，说好好的日子不过，为什么要冒这个险。但我坚信蜜梨产业会给我们带来较好的收益，于是义无反顾地投入到农场的建设中，自筹资金100余万元，平整土地、做路开沟、清理河道，通过努力，农场初具规模。于2002年成立了慈溪市丰田实验农场。

（三）引进更优新品种，始终保持蜜梨品种领先

为了提高经济效益，让自己的梨产品在市场上占据主导地位，必须保持品种的领先地位，与其他地区的梨产品实现差异化发展，及时跟踪科研单位的最新梨品种，于1999年引进早熟品种——'翠冠'。

（四）引进蜜梨培育新技术，高效益标准化生产

2004年，从我国台湾引进梨树开心形栽培模式。在此基础上，创造性地开发了梨树棚架栽培技术，总结了一套标准化的高效蜜梨栽培技术。

（五）果园间种，发展林下经济

果园幼树期，在行间套种毛豆、包心菜、榨菜等蔬菜作物，实行果菜模式，以耕代抚，以短养长，增加收入，一般亩产值可达2000多元。秋冬季果树落叶期间，在林下种植余姚地理标志产品——榨菜。

（六）组建合作社，带动共富

在自家农场获得较好效益的基础上，不忘带动周边梨农共同提高种植水平。为充分利用和开发现有优势资源，提高产业整体水平，与周边其他农场一起组建了慈溪市甬佳蜜梨专业合作社，注册了"甬佳"商标，创建了千亩棚架式栽培示范区、优质蜜梨标准化生产示范区、蜜梨精品园建设示范区等。目前，合作社共有社员154人，种植面积达1300多亩，为社员提供技术指导、农资供应、产品收购、贮藏销售等服务工作，年销售蜜梨超2600t，年销售额达1200多万元。

二、共享经验

（一）高标准建设是高效益的保障

二十多年来，随着每年收入的增加，不断完善基础设施。如今，农场实施了节水型喷灌设施技术，园内道路硬化，水泥沟渠四通八达，基本建成了集参观、采摘、休闲于一体的高标准生态型观光农业基地。梨园也获评宁波市无公害农产品基地、省农机化水果生产基地、宁波市精品果园等称号，并在浙江日报、宁波日报、慈溪日报、宁波电视台、慈溪电视台等多家媒体进行了宣传报道。

（二）学习先进经验，不断提高技术水平

农场能取得如今的成绩，与自己二十多年来的艰辛付出是分不开的。虽然出身农民，但以前真正从事农业生产的时间不多，加上蜜梨生产又是全新的农业产业，虽然老一辈有一定的传统经验，但与要种出优质蜜梨还有一定差距。为了尽快地掌握现代化种植技术，首先与农业技术专家交朋友，邀请省市梨生产专家来农场指导生产，同时还积极参加农业部门组织的各类培训。2016年11月21~25日，在山东农业大学参加由宁波市林业局组织的"宁波市林业高级研修班"，2017年6月在福建农林大学参加"宁波市林业高级研修班"，2018年5月在湖南大学参加"宁波市林业高级研修班"等，同时每年都参加县市区组织的各类短期实用技术培训，通过学习大大提高了自己的梨生产理论和技术水平。在理论学习的同时，走出去参观外地先进的梨种植基地，先后到山东、江苏、浙江省农科院基地等以及韩国实地参观学习，借鉴他人的先进管理技术，集众之长，用于农场的生产，使农场的生产管理水平迅速提高。

（三）科技创新，增效益

随着梨园种植面积的扩大，迫切需要规范的管理和先进的科技。宁波市和慈溪市林特技术推广中心等农业技术人员在我场实施了多项试验示范研究，多个项目获得了宁波市农业丰收奖和农业实用技术推广奖。如慈溪市林特技术推广中心主持的国家星火计划项目"蜜梨高新栽培技术示范推广""梨设施栽培技术示范

推广"获2011年宁波农业实用技术推广奖一等奖，"蜜梨绿色高效栽培技术研究与示范"获2007年宁波农业实用技术推广奖一等奖，"梨精品生产关键技术研究与应用"获浙江省农业丰收奖一等奖，取得了很高经济效益。

三、蜜梨棚架栽培高效经营技术秘诀

根据历年梨种植经验，总结出一整套标准化蜜梨棚架高产高效经营技术，与大家分享。

（一）建园定植

园地应选择生态环境好、土质肥沃、地势高燥、排灌便利的地块。建园面积较大时，应将园区划分为若干种植区，同时，园区内要修建纵横贯通的道路。

栽植以冬季为宜，选择当年生梨苗，要求地径粗度1.0cm以上、苗高1.2m以上，在整形带处有6个以上的饱满芽。落叶后（11月下旬至翌年2月上旬）栽植，行株距为3.5m×3.0m，挖穴施腐熟有机肥，并配置授粉品种，如'翠冠''黄花'等品种，但不能与"初夏绿"相互授粉，主栽品种与授粉品种的配置比例以2~4：1为宜。

（二）搭建棚架

为提高单产，改善通风透光条件，在生产中采用结构牢固、抗风防灾、操作简便、通风透光的棚架栽培模式，促进早结果、多结果。棚架搭建因地制宜，一个棚架区块以20~30亩为宜，棚架搭建材料包括角柱、围柱、立柱、拉锚，粗细不同的钢铰线、铁丝、竹竿等。根据种植行株距搭成高度为1.8m的棚架，棚面用钢铰线纵横拉成"田"字形，确保主枝和结果枝均匀固定在架面。

（三）整形修剪

棚架栽培采用开心形树形，冠高2.0~2.5m，定干高度1.0m左右，培养主枝3~4个，每个主枝用竹竿引绑上架，上架后主枝延长枝每年短截，留上芽，保持顶端优势。主枝上每隔30~40cm留1个侧枝，相邻侧枝朝向相反，并用竹竿引绑上架，侧枝是主要结果单位，侧枝力求分布均匀，1、2、3年生侧枝各占1/3，3年后侧枝更新修剪。同时，加强夏季修剪，及时疏除过密枝、直立枝，培养更新枝。

（四）人工授粉

人工授粉是生产精品梨的重要措施，是蜜梨标准化生产的重要内容，是实现蜜梨优质高效的有效途径。根据多年的生产实践，该技术介绍如下。

人工授粉技术的应用。只要掌握花粉的采集、保管和低温冷藏技术，就能打破时间和地域的限制，实现不同花期、不同地域之间梨树授粉，扩大了授粉品种的选择范围。能充分利用果树花粉的直感效应，寻求果树花粉最佳组合，实现最佳的配置效果和生产精品梨的目标。

1. 自备花粉（当年花粉）

花粉采自亲和力好、花期相近、适宜作授粉品种的梨树。蜜梨园区以'清香'作为翠冠梨的授粉品种，结合疏花疏蕾，当花蕾成气球时采集下来，使用小电扇或铁筛子搓脱除花瓣，收集花药。花药采后平摊于盘内和纸上，使用普通灯泡加温，调整灯泡与花药间的距离，使温度保持在20~25℃，待花药开裂、花粉散出即可收集，置于20~25℃的环境中干燥备用。每人每天可采梨花5kg左右，可出粗花粉80g、精花粉15g左右，所取得花粉可供3亩梨园授粉。

2. 人工授粉时间

梨花开放的当日和翌日是梨树人工授粉最佳时机，开花后3~5天均有效，以3天内为宜。人工授粉适宜气温为15~20℃，选择两天内无低温和霜冻的晴好天气，8:00~15:00均可授粉，气温在10℃以下及30℃以上授粉效果差，当花的柱头（花蕊）变色后已无效果。花粉发芽的最佳温度是20~25℃（授粉后2小时花粉发芽，3小时通过花粉管深入子房），15℃以下发芽很少，10℃以下不能发芽。

3. 人工授粉方法

使用特制专用羽毛棒。放入花粉瓶内蘸取花粉，轻轻地点在梨花柱头上。当天授粉应在15:00前结束，以保证花粉在柱头上有良好的发芽条件。控制授粉密度，每相隔20~25cm，选花簇中第二朵或第三朵健康花进行授粉。蘸粉一次可点授粉6~8朵花。一般用精花粉3~6g/亩，授粉后第二天即可对不准备授粉的花簇进行疏花，可节约大量养分以供果实生长之需。

4. 人工授粉注意事项

把握最佳的授粉时间（气温和花期）；在田间尽量避免阳光直射花粉瓶；及

时选购和制备花粉，以粉待花；计算用量，现配现用，当天用完。授粉工作要耐心细致，由于授粉技术的可靠性，定果的成功率很高。因此，要精确计算，以产定果，以果点花，防止疏漏，做到均匀点花授粉，使结果部位分布均匀。

人工授粉技术的成功应用，使疏花疏蕾变得完全可能。在自然授粉的情况下，梨农总是担心结果太少，选留大量花芽，过量开花坐果，消耗了大量树体养分，浪费了大量疏果用工。根据有关资料介绍，开放一朵梨花需要消耗1g氮素，在自然授粉的情况下绝大部分花朵的开放、授粉和受精过程只能是养分的白白浪费，真正用于结果的花还不到5%。由于人工授粉技术成功应用，梨农不必担心坐果问题。因此，在生产中可及早疏花和疏蕾，从而确保生产果的生长发育，对生产优质精品梨极为有利。

（五）花果管理

1.疏花蔬果

花期采用蜜蜂或人工点授等方法辅助授粉，确保坐果。盛果期梨园每亩目标产量2000kg，每株树留果130个左右。疏果分2次进行，按照"留大疏小，留好疏坏"的原则，第1次疏果在谢花后15天左右进行，每个果台留1~2个果；5月上旬进行第2次疏果，每个果台留1个果，果间距保持15cm左右。

2.果实套袋

在疏果工作结束后，需要套袋处理，可采用内黑外灰双层袋，也可采用日产黄色单层袋。在套袋阶段，需要将袋体撑开，确保其不会出现水锈以及日烧的情况。此外，在实际套袋过程中，扎口必须紧固，坚决不能出现松散或者破口漏光的情况，避免对果品周边的着色产生影响。套袋工作一定要在5月上旬结束。近年来，梨园采用二次套袋技术，取得很好效果，不仅喷农药次数可降低2~3次，二次套袋后果实仍为翠绿色，品质和品相都较好。具体做法：套袋前先喷一次农药（使用非乳油药剂），马上套小袋，20天后再套大袋。

（六）增施有机肥

增施有机肥有利于提高果实品质。有机肥作基肥于秋季施入，一般成年树株施腐熟猪粪40~50kg或腐熟菜饼肥6~8kg，加过磷酸钙0.7~1.0kg；膨果肥株施氮磷钾复合肥（N：P：K=15：15：15）0.5~0.7kg、硫酸钾0.5kg；采后肥株施尿素

0.15~0.20kg。施肥方法可采用沟施、穴施、条施或结合中耕深施。同时，注重根外追肥，结合防病治虫加入0.2%磷酸二氢钾或海绿肥1000倍液等叶面肥，喷施5~6次。

（七）病虫害防治

生产中主要病害有梨锈病、梨轮纹病、梨黑星病、梨褐斑病等，主要虫害有梨小食心虫、梨二叉蚜、梨瘿蚊、梨茎蜂、梨网蝽等。遵循"预防为主、综合防治"原则，加强病虫害的预测预报，以农业防治为基础，加强栽培管理，增强树势；生长期及时摘除病叶、病果等；冬季用5波美度石硫合剂清园。优先采用物理防治和生物防治的方法，采用糖醋液、黑光灯、频振式杀虫灯及利用昆虫性外激素诱杀。化学防治对病虫对症下药，药剂要交替使用，采收前1个月停止用药。

（八）适时采收

采收过早，果实品质差，糖度明显偏低。采收期应是果皮呈浅绿色或黄绿色、果肉由硬变脆、汁液增多为采收适期，同时应避开雨天与中午高温时采收。采收方法是用手托住果实，以食指和拇指捏住果梗，向上一抬即可脱落，果梗保留完整，不可强拉、硬扯，并轻放入采果筐内，随后进行分级包装。

在蜜梨生产和栽培的过程中，要想保证优质增收，一定要科学地运用栽培技术，为其提供相对良好的生长条件，做好相应的病虫害防治工作。同时，还应该做好整形修剪工作，强化对蜜梨的保护，有效提升蜜梨的整体成活率，进而让蜜梨达到高产增收的目的和效果。

（九）夏季护理，冬季修剪

蜜梨栽培过程中，要注意有效的养护和修剪。每年4月中下旬，要适时短枝摘心；5月中上旬，做好长枝扭枝，以增加叶片，有效扩大叶面积，及早形成树木的整形以及修剪工作，培养丰产树型，以确保其能够形成合理的树体结构。同时，可采用先放后截等科学方法，有效减缓枝条生长，以便达到提早结果的效果。此外，在实际的修剪过程中，应该将病死枝及枯死枝修剪掉，选留结果枝以及饱满花芽。

在采收之后，应该做好保叶工作，借助相对科学以及合理的方式，制定有效的保护措施，保全叶片的数量及质量，不断提高光合作用的效率。在每年的8月初，应及时补充营养，让树势可以尽快恢复，依照生长情况，及时对叶面开展施肥工作，用喷施宝、0.5%的尿素、氨基酸营养液和0.3%的磷酸二氢钾，在蜜梨的叶面进行喷施，确保达到增厚叶片的目的，全面提高蜜梨的生长效率。

（十）秋季深翻

深翻是秋季果园管理中的一项关键技术措施。实施深翻，一方面，能够疏松土壤，增加土壤团粒结构，提高土壤孔隙度，有利树体根系抽发；另一方面，通过深翻后断根可以促发大量新根，促进根系更新，从而提高根系活力，有利于养分和水分的吸收。深翻结合施肥对增强树势、提高果品质量十分有利。然而，秋季深翻需要投入大量的人工和肥料，投资大且效益要到翌年方能显现。若多年不进行深翻，会导致土壤板结，是造成黄花梨园树势差、品质低劣的重要原因，必须及时加以改正。深翻时期通常安排在9月下旬至10月下旬。深翻的具体方法：可采取全园深翻或局部深翻或两者相结合的方法进行，多年未经深翻的成年果园宜采取全园深翻，年年或隔年深翻的果园可采取局部深翻。全园深翻的翻土深度从定植点向外逐渐加深，树冠下部约20cm。深翻时遇到的主根和粗大的侧根可在树冠外围处切断并用整枝剪剪平断根，其他较粗的根系掘断后也应用整枝剪剪平伤口，这样可促进根系大量抽发。

蜜梨的市场非常广阔，受众广泛，价格稳定，市场前景非常好，种植蜜梨真的是一个非常不错的选择。但是若要使蜜梨种植实现高产高质，做好科学管理至关重要。

四、梨树林下套种榨菜技术秘诀

榨菜是余姚农业的一大特色产品。2019年，"余姚榨菜"获农业农村部国家农产品地理标志登记保护。余姚的榨菜种植面积达12万多亩，加工产业也十分发达，榨菜总产值超过20亿元。随着"非粮化"整治推进，土地供需矛盾日益突出，梨园套种榨菜立体高效栽培模式有利于促进土地节约集约和高效利用，有利于实现土地资源配置利用效益的突破。榨菜是秋冬季种植，早春采收，与梨树生长不矛盾，可以通过种植榨菜，培育梨树，促进梨品质提高。

（一）梨园选择

梨园套种榨菜，宜选择交道便利、农机能进场、采运方便的梨园，以棚架式栽培的梨园更好，有利于机械和人工操作。

（二）选择榨菜优良品种，培育优质种苗

选择抗病性强、产量高、品质优的宁波市农业科学研究院选育的榨菜新品种'甬榨5号'。榨菜播种期以9月底至10月中旬为宜，各地应结合种植规模、移栽进度等分期分批进行播种，切忌盲目提早或延迟播种。苗床播种量在0.4kg/亩左右，按常规蔬菜播种方法做好播种、遮阳、防病虫害、间苗等措施，培育优质榨菜苗。

（三）梨园整理与翻耕

10月中下旬，将梨园林下枯枝清理出林外，施入有机肥，如每亩施1.5t羊粪，用小型拖拉机或微耕机进行翻耕，深度一般为10~12cm。由于梨树根系分布比较深，这个深度不会伤及梨树根。

（四）种植榨菜苗

11月底至12月上旬，当榨菜幼苗长有4~5片真叶时即可移栽。按照榨菜种植密度14cm×20cm进行植苗。也可以用榨菜种子直播的方式，省工省时，直播时间在10月底至11月上旬，于翻耕后的梨园中进行。12月初进行间苗、定苗，定苗密度为14cm×20cm，约40株/m^2，梨园林下每亩可定植1.4万株左右。

（五）田间管理

定植后进行日常田间管理。1月主要是控苗，防旺长和霜冻。根据气象预报，在寒潮霜冻来临前及时用塑料膜覆盖；2月中旬追施复合肥，每亩50kg，3月施尿素每亩20kg、复合肥25kg，及时防治白粉病和蚜虫。

（六）及时收割

4月初至4月中旬开始收割榨菜，亩产量一般可达3500kg，菜叶可作有机肥返

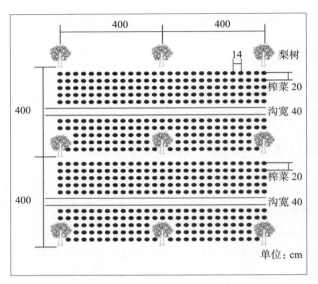

梨园林下榨菜种植示意图

梨园作肥料。榨菜是当地特色产品，加工企业多，且都设有最低保护价收购，亩产值一般在3000~4000元，亩利润1500~2000元。

在增加榨菜收入的同时，对梨树来说，由于林下套种榨菜达到了以耕代抚的目的，促进了梨树生长，降低了管理成本，提高了经营收益。

专家点评

曹华安作为"中国黄花梨之乡"的一名石匠手艺人，抓住了改革开放农业产业结构调整政策的有利时机，转身承包土地发展蜜梨产业。经过20多年的学习、模仿到创新，从门外汉成为一名远近闻名的蜜梨栽培、销售的乡土专家。自己富不算富，带动周边农民一起富，是曹华安的梦想。在自己农场获得较好效益的基础上，不忘带动周边梨农共同提高种植经营水平，创建了千亩棚架式栽培示范区、优质蜜梨标准化生产示范区、蜜梨精品园建设示范区等，为社员开展技术指导、农资供应、产品收购、贮藏销售等服务工作，每年为周边农户销售蜜梨超2600t，实现梨乡共富。

点评专家：陆志敏

陈
海
栋

　　陈海栋，男，1972年4月出生，浙江省宁波市江北区人，中共党员，高级农民技师、高级农艺师。现任宁波市江北阿东水果专业合作社理事长。2018—2022年获聘中国林业乡土专家，2020年获聘浙江省林业乡土专家，2022年被评为宁波市优秀林业乡土专家，2023年获聘国家林草乡土专家。

'阳光玫瑰'葡萄数字栽培管理技术

陈海栋

一、从业经历

我的父亲陈国良是宁波市江北区水果种植第一人。作为70后的新农人，我从12岁起就跟随父亲学习水果种植技术。成年后，我肩负父辈的重任和使命，继续潜心钻研葡萄等水果的栽培技术。通过持续不断的学习与自身的摸索苦练，特别是30多年的实践经历，积累了丰富的水果种植经验，期间又参加了中央广播电视大学农林管理大专班学习进修，还多次参加省市各级举办的果树栽培专业高级研修班学习。我栽培的葡萄等水果，亩均效益始终在6500元以上。同时，积极引进葡萄新品种，2014年在江北区第一批引入具有丰产、稳产、大粒、抗病、耐贮性好的葡萄新品种'阳光玫瑰'。该品种果穗圆柱形，穗重750g左右，平均果粒重12~14g；果粒着生紧密，椭圆形，黄绿色，果面有光泽，果粉少；果肉鲜脆多汁，有玫瑰香味，可溶性固形物含量20%左右，鲜食品质极优。不裂果，不脱粒，抗逆性较强，综合性状出众。2020年8月16日，由我发起的宁波市江北阿东水果专业合作社（简称合作社）在宁波市首次组织举办的'阳光玫瑰'葡萄擂台赛中获得"擂主"。2013年，宁波市江北阿东水果专业合作社产品"横河头"牌'鄞红'葡萄被评为省精品葡萄优质奖、2014年度省精品葡萄优质奖等奖项。本人的主要事迹多次在报刊上报道，《宁波日报》2019年11月13日第8版刊出《陈海栋：三十余载扎根葡萄园创新探索不停歇》，在《中国农民专业合作社》2020年第3期上介绍《积极向土地要科技效益的合作社典范》，宁波市科协网站上专题报道《记夺魁果王中国林业乡土专家陈海栋》。合作社近年来先后荣获"省级AAA级农民专业合作社""宁波市农业标准化示范区""浙江省优秀林业科技示范户""浙江省3·15优秀合作社""省级农业机器换人示范基地""省级精品葡萄园"等称号。

二、技术研究与推广

作为第三代主栽品种'阳光玫瑰'葡萄，近年来以井喷的发展势态出现在大江南北。本合作社于2014年11月引入，经小规模试种表明，该品种综合性状优良。因而改种'阳光玫瑰'葡萄已经成为果农的普遍共识，且从传统的凭经验管理朝数字化规范化管理模式方向迈进，进一步提升了'阳光玫瑰'葡萄上市品质。本合作社"翘拇紫"品牌的影响力大大增强，每亩最高产出效益达到7.20万元，深受消费者的喜爱，产品远销上海、江苏、山东等地，供不应求。

（一）果实品质精准化管理

经多年实践验证，每亩产量确定为1500kg，定穗数2000串，3m株距每米定穗9串，不超过10串。果穗长不超过20cm，宽10~11cm，保持均重1000g，粒数保持70粒，果粒均重为15g。

（二）种植密度精准化管理

每亩种植55株，株行距为3.0m×4.0m。同时，要开好栽植沟，施好栽植肥。栽植沟宽1m左右，深度视土质和地下水位而定，为30~80cm。栽植肥必须施足，在沟底铺一层秸秆覆上泥，施入3000kg畜禽有机肥和100kg磷化肥，一层肥一层土，最好分2层施，上层20cm用原表土不施肥。

（三）水肥技术精准化管理

秋施底肥应在9月底至落叶前15天施用。每亩使用商品羊粪3000kg，以及劲雷钙镁肥20~40kg+复合肥30~40kg+颗粒缓释硅肥5~10kg。促根肥于萌芽前（出现伤流后）施用，使用海藻精1kg+劲雷5kg滴灌。催条壮枝肥于5~6叶期施用，使用20-20-20型水溶肥4kg+劲雷4kg（树势好的这次肥料可以不使用）。催花保果肥于开花前7~10天施用，使用10-30-20型水溶肥5kg+劲护1kg。保果肥于保果处理后1~2天施用，使用20-20-20型水溶肥（树势弱的改成30-10-10型水溶肥）5kg+劲雷5kg+美钙1kg。膨果肥距上次用肥7~10天施用，使用30-10-10型水溶肥5kg+劲雷2.5kg+美钙1kg，而膨大处理前后使用20-20-20型水溶肥5kg+劲雷5kg。硬核期补钙于果实停止生长时施用，使用20-20-20型水溶肥4kg+美钙2kg+劲护1kg。软化初期于果实刚刚个别软化施用。使用15-10-30型水溶肥5kg+劲雷5kg+美钙1kg。软化中期于30%软化距上次施肥7~10天时施用，使用15-10-30型水溶肥4kg+劲护1kg。如推迟成熟可距上次施肥后7天使用20-20-20型水溶肥3kg+海藻精1kg，间隔7天再用一次。转色期于距上次用肥7~10天时施用，使用5-10-40型水溶肥4kg+劲护1kg+进口磷钾2kg。为增甜增香，距上次用肥7~10天时施用5-10-40型水溶肥4kg+美钙1kg+红霜1kg。

（四）整形修剪规范化管理

采用高宽垂T形栽培架式。第一次新梢7~8叶摘心；萌芽期新梢萌发后，花序以上留3~4片叶摘心，留下来的最后一张叶片掌心大开始摘心。副梢管理：第一次摘心后3~5天抹除花以下所有副梢，保留花以上两个副梢，长出3片叶后每个副梢各留两叶绝后摘心（连同腋芽一并抹除）。冬季修剪，每个结果母枝基部留2个芽，极短梢修剪。

（五）花果调控规范化管理

在'阳光玫瑰'葡萄开花前3天保留花穗尖端7~8层、17~18小分枝，花序左右枝梗水平，剪去其余小花穗，保留70~80个花蕾。盛花后1个月，长度100cm以上的新梢留2串果穗，长度为50~100cm的留1串果穗，小于50cm的新梢不留。疏果在落花10天后实施，每穗留果70粒。疏掉表皮损伤与畸形果粒，着生密集的内膛果粒和小果粒。花后3周进行定穗，每亩留果穗2000穗，分2~3次定穗。套袋时间选择在生理落果后，果粒直径达到1cm时进行，以防止日灼和气灼。无核化处理在花后3天进行，施用葡宁（1瓶100mL，兑水90kg）蘸花穗处理；花后12~15天，第二次用葡宁蘸穗处理。

（六）预防病虫害精准化管理

每个阶段结合叶面肥施用，萌芽前30天施用优美芽（单氰胺）0.25kg加水6kg，对枝条进行喷雾至滴水。7天后使用海藻精600倍+碧护5000倍对枝条进行喷雾。绒球期可用石硫合剂彻底清园，每亩加150kg水。3叶期使用甲基硫菌灵1500倍+吡虫啉1500倍+蔬果旺800倍+有机锌3000倍。8~10叶期（摘心前后）使用百泰800倍+噻虫嗪1500倍+嘧菌环胺（或嘧霉胺）800倍+海藻精800倍+有机硼1500倍+有机钙1500倍。开花前1~2天（或见花）使用卉友4000倍+阿立卡1500倍+百泰800倍+苯醚甲环唑1000倍+钙硼精800倍+金维果10-30-20 型800倍。全株喷雾重点喷果穗，不能喷到滴水。花后（保果后1~2天）使用喹啉酮1000倍+杀虫清1500倍+嘧霉胺800倍+有机硼1500倍+有机钙1500倍+碧护8000倍+亿收800倍。幼果膨大期（膨果前后）使用健达1500倍+喹啉酮1000倍+杀虫清1500倍+金维果15-10-30型800倍+蔬果旺800倍+绿石英800倍+抗逆境1000倍。硬核期使用阿米妙收1500倍+喹啉酮1000倍+氯虫苯甲酰胺1500倍+有机钙 1500倍+抗逆境1000倍+色素宝800倍。软化前期（套袋前用药）使用套袋组合（五组合）1500倍+蔬果旺800倍+金维果15-10-30型800倍。全株喷雾重点喷果穗，不能喷到滴水。软化后期使用喹啉酮1000倍+戊唑醇（或氟硅唑）6000倍+蔬果旺600倍+有机钾600倍+钙硼精600倍。采摘前15天使用蔬果旺600倍+有机钾600倍+钙硼精600倍。

（七）果实采收规范化管理

当'阳光玫瑰'葡萄果皮呈绿黄色或黄绿色（完熟时为金黄色），表现出本品种固有的香味和独特风味之时可以采收，本地通常从7月中下旬开始采摘，一直可延续到10月上旬为止，时间上安排在天气晴朗的早上和下午高温天气下降后进行。采收后的葡萄应由专业员工进行果穗修整，按每一包装箱2串分级包装销售，保持箱内较紧不松，防止运输过程中发生落粒现象。

专家点评

　　陈海栋同志为人热情，好学钻研，对葡萄等水果事业不懈追求，精益求精，依靠科技力量不但自己致富，还带动了宁波江北及周边地区万亩葡萄园走上精品高效农业。

　　该同志作为农二代，在继承父辈的基础上不断开拓创新，学习和应用果园机器换人技术以及数字化管理系统，不断钻研精进葡萄等水果的栽培管理技术。江北区老科技工作者协会于2024年帮助陈海栋编辑了《陈海栋科技论文集》，将近年来陈海栋发表的12篇科技论文，专利3件，以及科技项目4项成果汇编入集，激励陈海栋继续发挥出应有的贡献，成为周边葡萄致富的"领头羊"。

点评专家：张望舒

沃绵康　沃科军

　　沃绵康，男，1962年4月出生，浙江省宁波市北仑区人，中共党员，园林工程师。北仑区第六、七、八、九届人大代表，宁波市第十一、十二、十三届人大代表，1983年在沙溪村创办花木场，1993年创办杜鹃园艺场，2000年创办宁波市北仑万景杜鹃良种园，2011年创办宁波北仑亿润花卉有限公司，先后被授予"市级杜鹃花繁育基地""西洋鹃特色基地""全国特色种苗基地""北仑区种子种苗繁育中心""宁波市杜鹃花种质资源场"等。2009年被评为北仑区劳动模范，2013年被评为宁波市劳动模范，2014年被评为浙江省劳动模范。2017年获聘宁波市林业局林业乡土专家，2018年获聘中国林学会中国林业乡土专家，2023年获聘国家林业和草原局林草乡土专家。

　　沃科军，男，1988年11月出生，浙江省宁波市北仑区人。宁波市北仑万景杜鹃良种园和宁波北仑亿润花卉有限公司总经理，北仑区第十届人大代表，宁波市第十五届人大代表。2022年11月获宁波市"新农匠"荣誉称号，2022年12月获聘宁波市林业乡土专家，2024年被宁波市委市政府授予"宁波市劳动模范"称号。

父创子继，科技创新共育致富花

沃绵康　沃科军

一、从业经历与成就

自1983年在沙溪村村办花木场引进第一批西洋杜鹃开始，向银行贷款5000元，购买杜鹃花苗木进行繁育种植，并研究扦插、嫁接、栽培等技术。到了1993年，经过10年艰苦摸索，基本上掌握了西洋杜鹃花繁殖、种植、修剪、花期调控、病虫害防治等整套种植管理技术，取得了很好的经济效益，并创办了柴桥沙溪杜鹃园艺场。

在自己致富的同时不忘带领农户一起致富，无偿传授自己掌握的嫁接、扦插、温湿度控制等整套技术给农户，使得村里种植西洋杜鹃花的面积明显扩大。1999年，北仑区柴桥镇创造了杜鹃花种植规模、商品苗存量和销售额全国第一的业绩。单单一个沙溪村，西洋杜鹃种植户就达200多户，种植面积达600多亩，年销售额2000多万元，沙溪村也被宁波市政府授予西洋杜鹃种植专业村和科技兴林示范村称号。西洋杜鹃花销往华东各省市，小有名气。据2019年7月人民网报道，柴桥街道种植杜鹃花面积达5万亩，年产值达3个亿。这些业绩带来的是广大农户的增产增收和农户的幸福生活。1999年，当时的柴桥镇被浙江省林业厅和农业部中国花木协会命名为"浙江杜鹃花之乡"和"中国杜鹃花之乡"。

最早从盆栽西洋杜鹃培育起步，后来又种植培育了春鹃和夏鹃等景观用途的杜鹃花。经过40多年的研究，掌握了杜鹃花不同生产用途的繁殖、栽培及养护技术，掌握了盆栽杜鹃花花期控制和轻基质无土栽培技术，制定了一整套杜鹃花高效栽培技术，并开展了示范推广，为农户高效种植杜鹃花增产增收起到了很大推动作用。从20世纪末开始，与浙江万里学院、浙江大学、江西省林业科学院等科研院所合作，主持或参与杜鹃花方面的省、市、区科学研究及应用推广项目6项，自己投入了经费近500万元，开展自主知识产权的杜鹃花品种选育和栽培新技术研究。引进了国内外400多个新优品种，在了解这些品种性状的基础上，开展多目标用途的新品种培育工作。除了从变异单株中筛选优株外，还用花大、色艳品种与耐寒性品种进行杂交育种以期获得理想品种。近20年来，获得了100多个具有典型观赏性状和特殊抗性的优株，目前已经申报国家林业和草原局植物新品种权56个，其中已获得国家新品种权42个。这些品种正在扩繁生产中，有望将来改变现在景观绿地杜鹃花品种和花色单一的现状，改变盆栽杜鹃花大多来自国外的现状，成为主导品种。

成果获奖7项：

（1）2014年5月，"杜鹃良种引育及高效栽培技术研究与示范"成果获得浙江省林业厅、浙江省林学会第十四届科技兴林奖二等奖。

（2）2016年1月，"盆栽观赏杜鹃新品种选育及栽培技术研究与示范"成果获2015年度宁波市科学技术进步奖三等奖。

（3）2019年3月，新品种'甬绿神'杜鹃花品种在2019年中国（萧山）花木节暨首届花木艺术博览会上荣获金奖。

（4）2019年5月，杜鹃新品种系列荣获2019年中国北京世界园艺博览会中国省（区、市）室内展品竞赛金奖。

（5）2019年6月，"杜鹃花新品种多目标选育与高效培育关键技术"成果获浙江省林业局和浙江省林学会第十四届科技兴林奖一等奖。

（6）2019年11月，"杜鹃花新品种多目标选育与高效培育关键技术"成果获国家林业和草原局和中国林学会第十届梁希林业科学技术奖二等奖。

（7）2021年7月，"杜鹃精品盆花生产技术研究及推广应用"成果获2020年度北仑区科学技术奖三等奖。

获国家授权的杜鹃花新品种42个：

紫色系列品种：'甬紫蝶''紫云''甬紫叠''甬紫雀''甬品红''甬之辉'。

红色系列品种：'甬之波''甬芊红''甬尚玫''火凤''甬之焰''甬绵之光''甬绯玫''甬金玫''甬红玫''甬小阳''甬小霞'。

粉红色系列品种：'丹粉''甬之梅''甬之妃''甬粉佳人''甬小娇''甬之梦''甬小桃''甬小春''甬小彤''甬之彤'。

白色系列品种：'怡百合''甬尚雪''甬之雪''甬之韵''甬绵百合''甬之

洁''甬之皎''甬小雪'。

绿色系列品种：'甬绿神''甬绿1号''甬绿2号''甬绿3号''甬绿4号''甬绿6号''甬绿7号'。

二、杜鹃花盆栽及造型技术秘诀

（一）杜鹃花繁殖

1. 扦插繁殖

杜鹃扦插以土温20~24℃、气温20℃左右、空气相对湿度90%为最适宜条件。5月下旬至6月上旬扦插最佳。选择半木质化或接近全木质化的软枝作插穗的成活率最高。插穗长度6~8cm，保留顶部3~4片叶，扦插深度0.5~1cm，过深易造成插条基部皮积水腐烂，影响生根；过浅易失水萎蔫。

株行距按2cm×3cm即可。插后15~30天内形成愈伤组织并愈合，30~60天生根。在此期间，需特别注意遮阳和水分的补给。7~8月每隔15天喷1次甲基托布津1000倍液，连续2次。9月后逐步去掉覆盖物，10月可施用少量低浓度的液体肥，10月下旬或翌年4月可移栽或换盆。

扦插繁殖的关键技术在于把控好扦插苗床基质的病菌消毒和苗床内温湿度。用过筛的砂性生黄土作为基质最佳，无须进行土壤消毒。覆盖1层塑料薄膜和1~2层遮阳网可以保持合适的温湿度，控制棚内温度不超过40℃即可。

2. 嫁接繁殖

嫁接时间以5~6月中旬为宜，最好在大棚或在温室内进行嫁接，此方法在杜鹃花繁殖中应用较多。以扦插成活的2年生毛鹃作为砧木，5~6月进行劈接，或5月中下旬在砧木基部6~7cm处斜切一刀，进行嫩枝腹接。也可在杜鹃生长季节用靠接法，接后4~5个月伤口愈合。

嫁接时，在砧木上选取当年生半木质化的嫩枝，在与接穗粗细接近部位剪截，剪截后用嫁接刀从中间劈开，从杜鹃花优良品种上取健壮的半木质化新梢，剪成长3cm的接穗，留顶端2叶，并剪去一半（减少蒸发），将茎削成双面楔形，将接穗插入砧木的切口，对准形成层。当砧木与接穗粗细不等时，必须一处形成层对齐。接后用嫁接夹夹住或用细绳绑住即可。当嫁接完成后，置于温室或大棚中，覆盖塑料薄膜，保温保湿。棚内白天温室控制在25~28℃，夜温控制在20~25℃。白天光照强温度高时，应放下遮阳网，当中午湿度不够时可向棚内喷雾。嫁接后50天左右即可成活，以后逐渐通风，最后卷起塑料薄膜进入正常管理。

嫁接繁殖的关键技术：刀片要锋利无菌，下刀要快准，切面要一刀完成；形成层必须至少对齐一边；棚内保持85%~90%的相对湿度。

（二）无土盆栽

1.选配营养土

将锯末（或椰壳等木纤维）1m³与尿素4kg、过磷酸钙0.4kg、硫酸钾0.4kg、腐熟剂0.5kg均匀混合，然后浇水达到湿透程度，随后加盖塑料薄膜堆腐。控制堆温在55℃以下，并适时翻堆以防长毛。堆料变成均匀的暗褐色即已腐熟。

配方：取腐熟锯末8份、草灰1.5份、珍珠岩0.5份混合，然后再加复合肥10kg/m³，混合均匀后避雨堆放一周即可使用，使用前用蒸汽消毒。

选配营养土的关键技术是所有木纤维必须是经过至少1年以上自然堆置腐熟或通过其他途径快速腐熟。

2.花盆选择

可供栽培的容器有瓦盆、紫砂盆、釉盆、瓷盆等，以及由高分子材料合成的塑料盆等。在无土栽培中通常使用塑料盆。这种新型的栽培容器，具有盆壁薄、质地轻、搬运方便、不易破碎，且规格一致、干净整洁等优点，便于消毒、清洗。

3.上盆时间与方法

除了夏季高温或特别寒冷天气，其他时间都可进行上盆操作。在盆底用瓦片盖住渗水孔后填入部分营养土，然后将植株放正，接着继续加营养土至根颈处，再添加营养土使其略高于根颈部位。之后将盆左右晃动，使盆土自然密实平整，并留出盆子沿口便于浇水。第一次浇水要用细喷头浇透至盆底淌水为止，或采用浸水法使盆土上下全部湿透。

4.浇水

（1）水质。浇灌杜鹃花时，使用雨水或天然河湖池塘中的水最为理想。地下水利用水池或水缸盛放几天后使用，使水温接近气温。若水质带有碱性，长期浇灌会使杜鹃花叶片黄化，此时，可在水中加入0.1%硫酸亚铁调整pH值至6左右方能使用。

（2）浇水量。杜鹃花11月下旬至2月上旬处于休眠、半休眠时期，需水量很少，4~5天浇一次水。在加热的温室中，生长仍在进行，2~3天浇一次水。2月中、下旬，气温逐渐上升，应当增加次数和水量。3~6月是杜鹃花开花和新梢生长的旺盛期，要每日浇一次，视情况到傍晚还要进行补水。雨季则要控制浇水。7~9月高温季节，每天都要浇水且量要足，中午宜进行地面喷水，降温增湿，傍晚盆土干的还应补水。10月以后，天气转凉，前期需水量仍较大，后期随着温度下降，可逐步减少浇水量。

（3）浇水的时间。冬季，早、晚气温低，午后气温升高时浇水；夏季，在早、晚浇灌；春秋两季，除中午高温及早上露水未干不浇水外，其他时间均可进行。

5. 施肥

杜鹃花上盆时可在基质混配时施入缓释高效复合肥，每立方米基质中混入肥料3kg。发根展叶3个月后可浇速效复合肥1000倍液，每月一次，秋、冬季可增加磷钾肥的配比。

6. 修剪

（1）摘心。1~3年生小苗，当新梢生长至一定高度后，将顶芽摘除，或去掉一小段嫩梢。这样控制植株高度和促使侧枝萌发。经过多次摘心，分枝会增多，树冠迅速扩大，从而提早成形。

（2）剥蕾。秋冬季开花前，为了控制开花过早、过多，减少养分消耗，剥除部分或全部花蕾，有利于抽梢和培养冠形。

（3）抹芽。在杜鹃花生长期，对茎上萌生的不定芽，在其幼嫩时抹掉，避免其长成枝条（有意留的除外）。杜鹃花在秋季，萌芽旺盛，要及时抹芽。

（4）疏枝。将弱枝、病枝、枯枝、萌蘗、徒长枝及有损美观的枝条从基部剪除。

（5）短截。剪除枝条的一部分，以控制树体高度。

7. 花期管理

（1）光照。杜鹃花在花蕾膨大期间，要多晒太阳。光照充足时，花色深而鲜艳。

（2）水分。花蕾从露色至全部开放，需要相当的水分。开花时间每天要察看盆土干湿，特别是株大、花密的植株，要及时浇水。

（3）温度。花期与温度关系最大。温度高开花早，温度低则开花迟，故控制温度能够催延花期。

8.病虫害防治

杜鹃花喜生长在阴湿的环境中，感染病虫的机会较多，一般从新梢生长开始至秋末，均需不断防治。

防病：病害主要有黑斑病、炭疽病、根腐病、丝核病、花腐病、灰霉病、叶肿病等，可用代森锰锌600倍、世高3000倍、可杀得600倍、甲基托布津600倍、腈菌唑2000倍等杀菌剂进行轮换防治，每10~20天一次，长期阴雨天要雨前防，雨后治；开花期应注意防治灰霉病，在始花期用克霉灵、速克灵、扑海因等防治，每7~10天防治一次，共2~3次即可。病害以防为主，冬季每月喷一次杀菌剂，春秋季每10~15天喷一次，夏季每7天喷一次，雨后补喷。

杀虫：杜鹃花虫害主要有红蜘蛛和冠网蝽两种，发现虫害，可用有机磷和菊酯类杀虫剂喷雾，药剂可选择敌敌畏乳油、杀螟松、氯氰菊酯、吡虫啉等，7~10天喷一次，连续喷洒2~3次。

病虫害防治的关键技术：病害在于防，从3月气温回升开始就要隔10~20天轮换用药喷雾一次，一直到秋末霜冻开始。虫害要防早防了，经常观察叶片背面有没有红蜘蛛和冠网蝽，发现虫害及时喷药，连喷2次可以彻底消杀。

9.防护措施

防暑防晒：杜鹃花喜欢湿润、凉爽的环境，更怕烈日和高温，清明后用遮阳网，根据需要用一层或两层，还要顾及侧面的强光，保持遮光率70%以上。浇灌、喷雾也是防暑降温的有效措施，最好能装置喷灌系统。或多设些贮水池，可以随时喷洒地面降温增湿。

防冻：当棚内温度降到3℃时，应采取保温措施保持棚内温度3℃以上。

（三）花期调控

1.修剪时期

盆栽杜鹃花一般选择西洋杜鹃品种。可在预定花期前7个月左右进行最后一次修剪，促其重新抽发新梢。若计划春节上市的一般在6月修剪，"五一"上市的在9~10月修剪，"十一"国庆节上市在2~3月修剪。

2.温湿度控制

杜鹃花在秋季短日照条件下诱导花芽形成并进行花芽分化，一般在翌年3~5月开花。要调控杜鹃花开花时间，除了在预定时间进行修剪之外，还要结合温湿度调控。若要将杜鹃花花期在春节期间提前或延后，需要采取控温、喷水措施。距春节前45天左右，将温度控制在25~30℃，并经常向杜鹃花枝叶上喷水，保持空气相对湿度80%以上，可以提早解除花芽休眠，提前40~50天开花，保证春节期间开花。若将形成花蕾的植株放在2~4℃阴凉处，保持低温状态，不干不浇水，可延后60~80天开花。

3.应用植物生长调节剂

应用植物生长调节剂可以促进花芽形成。传统应用的有比久（B9）和矮壮素（CCC）。用0.15%比久溶液喷雾，每周1次，共处理2次，或用0.25%浓度喷1次；也可用0.3%矮壮素每周喷雾1次，共处理2次。喷后约2个月，花芽发育完成，应将植株冷藏，在杜鹃花开花前至少需要4周10℃或稍低的温度冷藏，这样能促进花芽成熟。冷藏期间，植株必须保持湿润，不能过分浇水，并保持每天12小时光照。这种方法一般用于国庆节开过花的植株需要在春节期间开花时使用，用冬季自然低温度过冷藏期；如果在其他季节采取冷藏措施，必须建有冷藏室来用于杜鹃花冷藏，虽然能让盆栽杜鹃花在预定时期开花，但培育成本相对较高。

杜鹃花花期调控关键技术除了以上预定时间修剪、温湿度调控和应用植物生长调节剂外，有时因为气候温度变化导致提前开花，可采取摘心、摘蕾等措施来延缓开花，减少养分消耗，确保预定开花时期花多、花大、花艳。

（四）盆景造型

杜鹃花的枝条都是直生的，不经过蟠扎造型，仅在开花时赏花，缺乏较高的艺术观赏价值。而经过造型的杜鹃花，不仅在开花时节能赏花，在其他时节也能欣赏整株的艺术韵味。

1.造型时间

造型时间选择在每年11月1日至翌年3月之间。此时杜鹃花正处于休眠期，树液流动缓慢，造型导致的伤害最小。如选在其他时间造型，树液流动快，树皮损伤导致流浆，会影响树木生长。如果小枝、小苗可全年造型。

2.造型工具

切口剪、整枝剪、镊子、铅（铁）丝、胶管、胶带、手套、伤口愈合剂等。

3.造型原理

（1）统一与变化。统一中求变化，变化中求统一。造型中的大部分组成元素

（形状、姿态、体量、色彩、形式、线条、皴纹、风格等）要求有一定程度的统一，通过树的高低、直斜、粗细、大小、疏密等小部分元素的不一致以求得变化。

（2）均衡与动势。均衡中求动势，动势中求均衡。在盆景布局中，通过各个树枝和谐的布置而达到感觉上的对称、稳定。同时，通过树枝体量和形态等元素的对比求得动势感。

（3）对比与协调。突出表现某景点，使之鲜明，引人注目。同时要注意协调。

比例与夸张：丈山、尺树、寸马、分人。任何艺术作品的形式结构中都包含着比例与尺度。有关比例美的法则，目前公认古希腊时所发明的黄金比率1∶1.618具有标准的美的感觉，我们将近似这个比例关系的2∶3、3∶5、5∶8都认为是符合黄金比，是能够在心理上产生比例美感的比例。树木的根、干、枝相互间有粗细比例关系。盆景中的景以及景物与盆钵、几架在形体上具有适当美好的关系。为了表现某一特定的意境或主题可以打破常规比例。

（4）韵律与交错。是指一些形态要素的有条理、有规律地反复呈现，使人在视觉上感受到动态的连续性，从而在心理上产生节奏感。韵律是节奏的变化形式。它将节奏的等距间隔变为几何级数的变化间隔，赋予重复的音节或图形以强弱起伏、抑扬顿挫的规律变化，产生优美的律动感。植物枝叶的对生、轮生、互生，各种物象由大到小、由粗到细、由疏到密，不仅体现了节奏变化的伸展，也是韵律关系在物象变化中的升华。一片片叶子、一个个枝片、一株株树木，树枝的"寸枝三弯"在作品中重复出现具有韵律感。同时，无数的交错也是一种韵律。

（5）透视与色彩。盆景作品的构图具有立体性，要兼顾仰视、俯视、平视、侧视的观赏效果。同时，要把握干、枝、叶等近大远小、近高远低、近宽远窄、近清远糊的远近空间感。在色彩上，要注意树木主体与盆器、几架、配件等客体之间要有明暗、冷暖等对比程度。

（6）规则与非规则。杜鹃花盆景大多以非规则的自然姿态造型为主，以三弯九道拐式、六台三托一顶式、云片式和游龙式的川派、苏派、扬派和徽派等传统造型为辅。

4.盆景树干造型形式

"式"是中国盆景分类的最基本单位。杜鹃花盆景树干造型形式可分为直立式（单干式）、双干式、三干式、多干式、悬崖式（临水式）、斜干式、卧干式、枯干式、附石式等多种形式，以直立式（单干式）、双干式、三干式、多干式、悬崖式（临水式）、露根式和斜干式为主。根据枝片的出枝位置、枝片的大小和多少，又可分大树型、高耸型、大飘枝型和文人树型。

5. 造型步骤

（1）品种选择。以选择小叶小花品种为主，大叶大花为辅。小叶小花品种生长慢，开花时观赏性好，但盆景成型比较慢；大叶大花品种生长快，盆景成型快，但开花时观赏效果没有小叶小花品种好。在现代盆景产业中，为了加快杜鹃花盆景成型速度，选择生长快的大叶大花杜鹃花品种的树干和主枝做骨架，在其上嫁接小叶小花品种，可明显提高杜鹃花盆景的产量，促进杜鹃花盆景产业的发展。小叶小花品种有'五宝绿珠''新天地''小桃红'等，作杜鹃花盆景骨架的大叶大花砧木以锦绣杜鹃（毛鹃）为主。

（2）造型构思。绘画讲究意在笔先，树木造型也一样，要先观察杜鹃花植株现状，根据树根、树干和树枝现状设计好造型意向，也就是构思。可以先画一张草图，反复斟酌设计方案。要根据造型原理对树干和树枝进行长短、疏密的取舍。

（3）造型方法。

①全扎法造型：针对杜鹃花整个树干及树枝进行弯曲蟠扎的造型方法，称为全扎法造型。一般主干直径在1cm左右的杜鹃花可采用此方法。对树干进行蟠扎时，选取适合树干粗细的金属丝，金属丝长度为所要造型的树干长度的1.5倍；将金属丝一端插入土中，自下而上缠绕想要造型弯曲的那部分树干。金属丝要紧贴树干，并与树干呈45°。最后，将树干弯曲到事先设定的位置。对树枝进行蟠扎时，按照同样方法操作，只是金属丝需要固定在树干或上一级更粗的树枝上。金属丝缠绕方向要根据树干或树枝弯曲方向而定，一般要同方向缠绕。

②半扎法造型：对树干或枝的直径在3cm左右及以上的杜鹃花造型，可采用半扎法造型。因为3cm以上的树干和枝已不能人工弯曲蟠扎，只能根据盆景造型美学原理对原有树干和枝进行取舍，对留存的树干和枝上可进行蟠扎的那部分进行蟠扎造型。蟠扎方法同上节。

③嫁接法造型：利用杜鹃花老桩的树干和主枝作砧木骨架，嫁接上观赏性较好的优良品种。在早春对老桩上盆养坯，上盆前先对老桩进行设计构思，剪掉没有生命力的老、残根，多保留有生命力的须根，上盆后对树干和主枝进行取舍，剪掉所有小枝，然后放在大棚内保湿遮光养护。

2个月后，在树干和主枝上长出很多新枝，此时可嫁接上小叶小花的杜鹃花优良品种。对新生枝条的取舍也要根据预先设计构思的造型形式来进行。对砧木新生枝进行短截，留1~2cm长，用镊子套上小橡皮管，再用刀片对切开，切入深度近1cm，插入接穗并使接穗与砧木的形成层对上，再用镊子将小橡皮管回套到两枝条嫁接重叠部位，使嫁接部位固定牢固。也可以用塑料带打结固定嫁接部位。

接穗处理：从小叶小花母本上剪取当年生枝条作接穗，剪掉顶端枝叶和下部叶片，留上部3~4张叶片，再将接穗下端用单面刀片削成双面楔形。

嫁接后的盆景要放在大棚内遮光保湿养护，20天后，如接穗叶片还是直挺嫩绿，说明已经嫁接成活。第二年早春就可以对接穗进行枝条蟠扎定位造型。

（4）盆景杜鹃花养护。杜鹃花是有生命的植物，其生长具有连续性，树干和枝条每年都在生长，所以需要每年对树干和枝条进行蟠扎造型。成型后的杜鹃花盆景养护需要边养护、边欣赏、边造型，要根据树木生长情况随时调整盆景原有造型，以求盆景有更好的艺术形态和价值。

蟠扎后的金属丝需要固定一定时间才能取下，对小枝条上缠绕的金属丝过几个月就可以取下，而粗枝条上的金属丝需要经过1~2年才能取下，要看树条是否已经定型而定取下时间。

杜鹃花盆景在水、肥、病虫等方面的养护同盆栽养护技术，只是因为盆景中土壤更少，水分和肥料存储较少，所以需要勤浇水、勤施肥。

专家点评

"花一代"沃绵康，从20世纪80年代初开始涉足杜鹃花行业，潜心研究10余年，掌握了不同品种、不同栽培方式的杜鹃花高效栽培技术。通过新品种、新技术的研究及推广和对当地花农的帮扶，走出了一条专业化生产、规模化经营、市场化销售的创业富民之路。

"花二代"沃科军，十年前子承父业，开始杜鹃花新品种培育及产业化开发、盆景造型等研究，通过微信、抖音等平台进行电商销售及服务。同时，创办柴桥街道花木产业共富联盟，为北仑区其他"花二代"传授电商销售经验。

父子两代花农，都是从一开始的外行到后来的行家，成为林业乡土专家，在自己致富的同时不忘带领花农共同致富。

点评专家：谢晓鸿

鲁根水，男，1969年2月出生，浙江省宁波市海曙区人，中共党员。现任宁波市海曙区章水镇杖锡花木专业合作社理事长、宁波浴心谷度假村有限公司董事长、宁波市第十五届人大代表、宁波市林业乡土专家联盟理事等。2014年被聘为宁波林业乡土专家，2017年被聘为浙江省林业乡土专家，2020年被国家林业和草原局聘为国家林草乡土专家。

花木共富路上的"领头雁"

鲁根水

一、创业经历

多年来，我始终坚守入党初心，深入挖掘杖锡特色，大力发展乡村产业，成功带动村民致富，因此被村民们亲切地称为"活靠山"。在乡村产业深耕多年，获誉满身。1998年，我被当时的鄞县人民政府评为"县首批农村乡土拔尖人才"；2000年被宁波市人民政府评为"宁波市优秀科技示范户"；2006年获评"全省百名突出贡献农村经纪人"；2007年被评为"全国绿色小康户"；2009年被评为宁波市首届"十大花木能手"；2012年被浙江省农业厅评为"浙江省优秀农民专业合作社理事长"；2016年荣获"区级优秀共产党员"；2017年被选为市人大代表；2018年先后被评为新时代"宁波最美林业人""海曙区农民专业合作社优秀示范理事长"以及宁波市"十佳农产品经纪人"。我的家庭于2015年被区划调整前的鄞州区妇女联合会授予鄞州区第五届"明星家庭"荣誉称号；2018年，在寻找"绿色家庭"活动中被推选为2018年度海曙区"绿色家庭"。

杖锡村是宁波市海拔最高的山村之一，靠山吃山，清贫一直以来是村民们生活的常态。为了改善村里的情况，20世纪80年代，刚过而立之年的我就开始尝试带领村民们养獭兔、养土鸡、开荒山、种果树，坚持不懈地带领当地村民踏上致富之路，村民的生活逐渐得到改善。2006年7月，本人作为当地最大的花木供应商，组织成立了宁波市海曙区章水镇杖锡花木专业合作社，集合每家每户的花木，形成规模产业，同时南下北上搞销售，将杖锡花木的品牌逐渐在全国范围内打响。成立之初，合作社只有成员20户，经过十余年的经营发展，如今已壮大到成员257户，拥有生产面积共2500余亩。在杖锡村，我带头学习农技知识，引育樱花和红枫新品种。在我的带领下，合作社成绩斐然，2008年被评为"浙江省示范性农民专业合作社"，2009年被各级各部门评为农业"创业创新"十佳典范、"省级林业示范性专业合作社"以及"国家星火计划宁波市星火示范基地"，2010年被评为"浙江省百强农民专业合作社"，2011年被市农业标准化工作领导小组评为"宁波市农业标准化示范区"，2012年被各级单位评为"浙江省农业标准化推广示范项目""市级林业专业合作社""全国一村一品示范村"，2013年被评为"鄞州区优秀示范性农民专业合作社"，2014年获评"浙江省科普惠农兴村先进单位"，2018年被宁波市海曙区科学技术局评为"区级星创天地"，同年被评为"国家级示范性农民专业合作社"。

二、致富经验共享

（一）技术引领，种好"乡村振兴"花

从20世纪七八十年代起，四明山区就开始发展樱花苗木产业。至2013年，当地樱花种植面积达5.5万亩，占据当时全国种植面积的85%，已然成为全国樱花苗木市场的标杆。

地处四明山东麓的章水镇，素有"四明锁钥"的美誉。其境内有周公宅水库和皎口水库两个"大水缸"，是宁波市重要的水源保护地。杖锡村位于四明山最高海拔处，平均海拔七八百米，最高海拔900多米，气候比平原地区要低6~8℃，具有适宜花木种植的独特气候条件，栽植的樱花生长健壮、根系发达、病虫害少、寿命长、花色鲜艳，是宁波市规模最大、品种最多的樱花种植园，被誉为"中国樱花之乡"，拥有国家地理标志"杖锡山樱花"。合作社成立后，杖锡村的花木经济一度做得风生水起，年销售额最高时达1300万元，且在全国多地都有展销点。

为提高樱花质量，我积极开阔思路，带领合作社与宁波市海曙区林业特产学会结对，开展多个产学研合作项目，在宁波市林业园艺学会专家培训指导下，合作社多名技术人员具备了解决种植、管理难题的能力。同时，带头组建了技术服务队伍，与浙江省农业科学院合作开展林下种植百合的研究示范，与浙江万里学院开展樱花主题农旅融合品牌推广。

1. 开展矮化攻关

为了促进樱花苗木多用途发展，我和有关单位及专家携手开展樱花矮化技术研究。此项研究以宁波地区适生、主干性弱、侧枝萌发力强且花量密集的'关山'樱品种为研究对象，从生长健壮、无病虫害的优良母树上，剪取树冠外围中上部、芽眼饱满的枝条作为接穗，接穗保湿包裹，随采随接。砧木选择生长健壮、根系发达、无病虫害的播种苗或组培苗，地径1cm以上，一般选择与培育品种同种系或山樱、樱桃等相对亲合力高的种系。春季2月中旬至3月中旬嫁接，秋季9月中旬至10月上旬嫁接，也可在梅雨季嫁接和冬季嫁接，以冬季休眠期嫁接最佳，在砧木离地高10cm以下进行嫁接，每个砧木接3~5个芽。随后，从矮化定型、养护管理、出圃等方面对樱花矮化技术进行了总结并形成技术规程。

矮化樱花打破了樱花花海的传统模式，可为梯田造景，还可应用于竹园、茶园，形成独具特色的樱花景观，同时还适合采摘、盆栽和切花生产。

2. 延长观赏花期

樱花花期通常较为短暂，单朵樱花一般只会开放4~10天，整株樱花树的花期为15天左右。在开放最灿烂的时候，樱花便开始凋谢，呈现出边开边落的美丽景象。从2007年开始，海曙区樱花研究团队率先从樱花种质资源收集和培育起步，建立了100亩种质资源库，让杖锡樱花园从只有'关山'樱等寥寥几个品种，发展到如今的103个品种，收集、选育了浙闽樱、大叶早樱、麦李、迎春樱、尾叶樱、微毛樱、山樱、毛叶山樱等野生种质资源11种（不含变种），占国内樱花野生资源的20%，种质保有量在全国处于领先地位。

虽然海曙樱花种质资源丰富，但是景观化栽种的品种只有三四十种，因此我从景观布局上下功夫，实现早、中、晚樱花期无缝衔接，将樱花花期延长至40天，为调整宁波樱花品种和产业结构，促进提质增效、农民增收打下了坚实基础。如今，园内有'普贤像''吉野樱''椿寒樱''大叶垂枝樱''白菊樱''红大岛''杨贵妃'等20多个品种，并拥有'阳光樱''松月''八重红枝垂'等林木良种，是四明山中品种最为齐全的樱花园。

"高山樱花看四明、四明最佳在杖锡"，花期延长后，2023年4月以来，前来赏花游玩的游客纷至沓来、络绎不绝，年接待游客可达20万人次。

3. 发展林下经济

近年来，国家陆续出台了《关于科学利用林地资源促进木本粮油和林下经济高质量发展的意见》《全国林下经济发展指南（2021—2030年）》等有关于林下经济的政策文件，明确要求明确林下经济产业定位，扩大林下经济发展规模，优化林下经济发展布局，延伸林下经济产业链条，增加林下经济产品供给，提高森林资源利用水平，实现林草产业高质量发展，为助力健康中国和乡村振兴战略、推进生态文明和美丽中国建设做出新的贡献。

随着社会环保意识的增强，我意识到，农民富裕不能建立在破坏生态平衡的基础上，开挖苗木绝不是发展的长久之计。抱着这样的理念，我响应国家政策，在充分保护森林资源的基础上，依托万亩樱花林，通过有效利用林荫空间，引入"樱花+"种植模式，因地制宜发展中药材、菌菇、食用百合等林下种植以及林下养殖的樱花林下经济，大面积樱花花木修剪后的枝叶，经过粉碎后成为木屑，可作为菌菇栽培的原料，形成内部循环，提升可持续发展能力。通过林下经济开发，有效提高了樱花林综合效益，增加了林业附加值，拓展农村产业发展空间，进一步丰富村民的收入来源，还能避免卖花木造成的水土流失现象，实现农民增收和生态稳固双赢，助力乡村振兴。

（二）农旅融合，打造"脱贫致富"村

由于杖锡村地处水库上游，生态保护需要产业转移，许多企业外迁，劳动人口也随之转移，加之高山上交通不便，生活环境相对较差，导致村里只留下了老人和小孩，村庄逐渐沦为了"空心村"。2014年后，国内花木市场饱和，樱花苗木市场价格一路下跌，市场不断萎缩，花木价格难以比肩往年，杖锡村的花木销售遇到瓶颈。此外，大量移植花木造成的水土流失也给当地村民敲响警钟。

近年来，章水镇提出了"清爽宜居立镇、生态环境兴镇、旅游发展强镇"的发展战略。在此背景下，凭借花木经济积累起的"家底"，我带领村民们开始探索产业转型，在生态保护的基础上，引入旅游休闲项目，创造就业岗位，改变"空心村"现状，同时将"苗木经济"向综合旅游观光型"山水经济"发展。

1.打造杖锡樱花节金名片

作为全国最大最集中的樱花种植基地，杖锡村凭借漫山遍野的樱花建起了"樱花观赏园"，从2007年起举办杖锡樱花节，到今年已连续举办了17届，樱花节期间接待游客量达到15万人次，如今已成为四明山生态休闲旅游业的亮点，从"卖苗木"转变为"卖风景"。

为了拉长旅游季节，我又带头建起了映山红观赏园30亩，开创杜锡的"春天经济"。樱花最佳观赏期至4月底基本结束后，映山红接棒进入盛放期，观赏期可持续至5月底。接着，樱花树下种植的百合花将开放，花期可持续至8月。这时，园内的八月瓜迎来采摘期。到10月，椴木香菇可以采摘，采摘期有四五个月。园内还建设了儿童游玩区，有蹦蹦床、喊泉、网红秋千、滚筒等游乐项目。樱花园以樱花经济为由头，推进一、二、三产融合，也是樱花产业实现可持续发展的关键之举。

2. 发展观光休闲露营经济

尽管樱花节"人气爆棚"，但存在季节性强、持续时间短等"软肋"，为当地村民带来的收入十分有限。2016年，合作社发挥龙头企业责任感，200多名社员联合投资建成宁波浴心谷度假村，发展高山民宿，建造在竹林间的木屋，与山风、清泉融为一体，别具独特的山间风味。现有30个房间可供游客住宿，价格从几百元到1200元不等，游客在这里能够静听山风、闲看日月，通过口口相传，节假日供不应求。2022年，通过浴心谷度假村实现了300多万元的营业收入。

同时，我投资30多万元，在樱花园内选择了两处共占地10余亩的空地，整理草坪、设计灯光、购置帐篷，新建卫生、淋浴等生活配套设施，打造约1300m²星空露营基地，每天最多可以接待游客200余人。露营基地"接棒"万亩樱花、高山杜鹃观赏热，让慕名而来的游客享受山区夏日独有的清凉和如诗如画的美景，成为了又一项吸引游客的热门农旅融合产业发展项目，成为新的网红打卡点。

为了进一步扩大露营基地规模、搞活农业产业园，我将露营基地与农业观光、果蔬采摘相结合，做深农、文、旅、养融合文章。开辟200亩农业产业园，种植猕猴桃、树莓、樱桃等水果，从湖南引进八月瓜进行大棚种植。高山海拔高、温差大，种出的水果又甜又鲜，水果采摘与露营游一道，成为了夏日山区纳凉休闲游的有机组成部分，共同丰富夏日旅游内容，提升游客的体验感。下一步，我还将在景色绝美的茅镬古树公园打造户外避暑休闲活动营地，和杜锡樱花园星空露营基地串珠成链，盘活山区资源，同时，还将种植更多适宜高山生长的果蔬，搞活山区经济。

3. 开发樱花系列衍生产品

为了延伸樱花产业链，合作社与宁波市海曙区林业特产学会、宁波四明山樱花农业发展有限公司、宁波市海曙章水国苗农场、宁波龙观驿生态农业有限公司、宁波市海曙鄞江国昌茶厂、宁波四明心农业科技开发有限公司、宁波兴溪田农场有限公司共8家单位一起形成樱花产业化共富联合体，在区农业农村局的指导下优选鲜花、樱花干花制品、樱花提取液等樱花系列原料品，开发樱花茶饮、樱花糕点、樱花香薰、香烛、樱花元素饰品杯具等樱花衍生产品，并从技术服务平台、科技研发转换、农产品订单生产、精准扶贫创新模式等领域进行资源共享、优势互补和深度合作，实现樱花全产业链共同发展。在2023年樱花节的樱花市集上，设立了近30个共富摊位，樱花香薰产品、洗护套装、樱花点心等樱花产品纷纷亮相，其独特的色、香、味，使游客流连忘返。

2023年，为了让美丽风景变为美丽经济，作为"中国樱花之乡"的章水镇还在樱花节现场揭牌樱花生态产业中心，签约樱花产业战略合作伙伴，以樱花全产业链开发为主基调，与企业、高校及有关部门进行签约，研发更多的樱花衍生产品。我作为樱花产业的领头人，也将继续成为樱花衍生品研发的主力军。

（三）携手并进，走出"共同富裕"路

杖锡村位置偏远，距章水镇政府还有30km路程，过去属于高山贫困村，如今已从一个鲜有人烟的市级贫困村，变成了集旅游观光、休闲住宿于一体的风情村落，地处四明山海拔800m处的杖锡村已完成了美丽的嬗变。四明山杖锡风景区已成为四明山乡村振兴的样板，樱花也成为了海曙区乃至宁波市的靓丽名片。产业的兴起，需要政府的推动、生产基地的牵动、营销"龙头"的带动和专业市场的拉动这"四轮驱动"。我作为生产基地和龙头的负责人，上承政府、下拓市场，共同让杖锡的"林特经济"在"四轮"的牵引下走上可持续发展的道路。

1.与时俱进，促进产业同振兴

我认为，随着乡村振兴的推进，乡村休闲旅游业、乡村文体康养业、乡土特色产业、乡村能源环保产业、乡村数字产业、乡村现代化服务业6个新型融合产业，对广大从业者提出了更高的要求。通过做深产业融合，能让林业这个传统行业焕发不一样的精彩。除了政策引导，更需要从业者进一步开阔眼界、提升素质、与时俱进。从业以来，我从未放弃对自己的高标准、严要求。2017年12月至2018年12月，我参加了"宁波市现代农业领军人才培育工程"的课程。同时，合作社聘请专业林业技术人员，以解决种植、培育、管理上的难题，并在合作社内逐步推广科学种植、科学管理技术，定期组织成员参加了科技培训，提高成员科学种养能力。作为一名党员，我通过不断地学习和突破，试图通过践行"两山"理念带领村民在致富的阳光大道上越走越远、越走越畅。

读万卷书，也要行万里路，我每年都会抽空去象山、莫干山等农旅融合优秀示范点考察学习，取长补短，学习借鉴他们好的做法，不断探索发展新路子，促进产业振兴。

2.创造岗位，拧成发展一根绳

农旅融合的开发为当地村民提供了不少就业岗位。鲜花采摘、农家乐经营、景区维护、旅游产品营销等岗位都会预留一部分提供给周边的村民。

度假村雇佣村里的家庭妇女做民宿服务员，负责打扫卫生、做农家菜等工作，按天支付工资。而星空露营基地不仅吸引游客纷至沓来，带火了四明山夏季休闲游，也增加了村民的就业岗位，还带动了笋干、黄金菇干等农副产品销售，让村民得到实惠。我的初心就是既要守护好家乡的绿水青山，又要想方设法带领乡亲们一起致富。

3.打响品牌，带动村民共致富

合作社成立以来，不断完善管理机制，实行统一管理、统一收购、统一销售制度，重点抓好产前、产中、产后服务工作。同时，发挥合作社市场开拓能力及渠道和信息优势，通过采购、代销等形式，高价收购周边农户的笋干、笋丝、蜂蜜、粉丝、土鸡等土特产，注册了"四明心"牌花旗芋艿、柿子、花卉等系列产品，统一进行售卖，并依托樱花节等平台进行售卖，打响了宁波本土的高山农特产品牌，带动农户增收共富。

专家点评

鲁根水，作为土生土长的山里娃，数十年来不断挖掘四明山杖锡山区特色，从早期成立宁波市海曙区章水镇杖锡花木专业合作社，带动周边老百姓引品种、强技术、促销售，通过种樱花、卖樱花，畅销全国，收获颇丰。随着时代变迁，他又及时转型成立宁波浴心谷度假村有限公司，由卖苗木及时转向卖风景、卖健康，举办樱花节，大力发展观光休闲露营经济等，打响品牌带动村民走上共同致富之路，因此被村民们亲切地称为"活靠山"。

点评专家：王建军

点评专家介绍（按姓氏笔画排序）

1. 王建军：宁波市农业技术推广总站副站长，正高级工程师，宁波市花卉种苗首席专家，宁波市花卉竹木产业团队负责人。长期从事园林植物、珍贵彩色树种引种、选育、推广应用等工作。主持过多个市级重大重点专项、科技攻关项目，多项成果获梁希林业科学技术奖二等奖、浙江省科学技术奖三等奖、宁波市科学技术奖二等奖、浙江省林业科技兴林奖二等奖等奖项；在核心期刊上共发表论文20篇，其中SCI收录1篇。主持选育樟树、枫香、浙江楠等植物新品种获得国家林业和草原局授权10余个、浙江省良种审认定4个，获发明专利2件、实用新型专利2件，制定地方标准2项。

2. 吴立威：宁波城市职业技术学院景观生态学院院长，教授，硕士生导师。先后获全国林业和草原教学名师、2020年全国职业院校技能大赛改革试点赛优秀工作者、全国职业院校信息化教学能力比赛一等奖、全国职业院校技能大赛教学能力比赛三等奖、浙江省职业院校技能大赛教学能力比赛一等奖、浙江省第三届教坛新秀、宁波市优秀教育工作者、宁波市"四有好老师"等荣誉。长期从事园林专业教学，发表论文10余篇，主编教材10余部。

3. 陆志敏：原宁波市农业农村局二级调研员、林业高级工程师和园林高级工程师，兼任宁波市林业园艺学会常务副理事长兼法人代表、中国林学会宁波服务站秘书长。从事林业技术工作40余年。

4. 汪国云：浙江省余姚市农业技术推广服务总站副站长，正高级工程师。先后获得国家林业产业突出贡献奖、中国农函大优秀教师、浙江省突出贡献农技员、浙江省劳动模范、浙江省农业科技成果转化推广奖、浙江好人、宁波市"最美林业人"、余姚市有突出贡献专家、感动余姚新闻人物等荣誉号。主要从事水果与特产技术研究与推广工作，先后主持或参与国家、省以及宁波市级科研50余项，推广实用技术40余项，引进品种20余个，获省部级一等奖等科研成果近20项；发表专业论文近50篇，编写专著7部；获专利8项；培育省级良种2个。

5. 李修鹏：宁波市林业发展中心正高级工程师，兼任宁波市林业园艺学会副理事长兼秘书长。曾获全国绿化奖章、浙江省农业科技成果转化推广奖、全省林业科技工作成绩突出个人、浙江省林业技术推广突出贡献个人、宁波市第九届青年科技奖、宁波市领军和拔尖人才培养工程第一层次培养人选、宁波市"新时代最美林业人"等荣誉。长期从事林业技术研究与推广工作,其成果获省(部)级奖励10项;出版"宁波植物丛书"等著作13部,获授权发明专利9件,制订技术标准10项。

6. 张望舒: 浙江大学硕士生导师,浙江大学宁波科创中心科研管理部负责人,博士,正高级工程师。浙江省农业科技先进工作者、浙江省劳动模范、浙江省第十五届党代表,曾入选浙江省"151新世纪人才培养工程"第二层次、宁波市领军拔尖第一层次人才。科研成果获得国家、省、地市科技成果奖励10余项,其中省部级科技进步奖一等奖3项,地厅级科技进步奖一等奖1项、二等奖2项;授权新品种权(良种)2项、专利6件、地方标准6项,发表论文50余篇,其中SCI收录30多篇。

7. 章建红: 宁波市农业科学研究院林业研究所所长,园艺学博士,正高级工程师,兼任浙江省植物学会理事,浙江省林学会理事,宁波市林业园艺学会副理事长、学术委员会主任委员,浙江农林大学、新疆农业大学硕士研究生导师。先后获宁波市青年科技奖、浙江省林业科技标兵、浙江省农业科技成果转化推广奖,入选浙江省"151人才工程"第三层次、宁波市领军与拔尖人才工程第一层次培养人选。从事植物新品种和林业技术推广工作,其成果获梁希林业科学技术奖二等奖2项(位1、位4)、三等奖2项(位1、位4),省科学技术奖三等奖2项(位2、位5)。

8. 谢晓鸿: 浙江万里学院教授,硕士生导师,兼任浙江省和宁波市科技特派员、浙江省风景园林学会风景园林植物专业委员会委员、宁波市三农智库专家、宁波市林业园艺学会理事。先后获浙江省优秀科技特派员、浙江省高校实验室工作先进个人、宁波市教育系统优秀共产党员等荣誉。从事园林植物新品种研究与教学工作,其成果获梁希林业科学技术奖二等奖1项(位2),浙江省林业科技兴林奖一等奖1项(位2)、三等奖1项(位1),市局级科技进步奖6项。

9. 谢锦忠: 中国林业科学研究院亚热带林业研究所研究员,博士,硕士生导师,兼任中国林学会竹子分会副理事长兼秘书长、林下经济分会副秘书长,浙江省林学会林下经济专委会副主任委员。先后获浙江省农业科技先进工作者、国家林业和草原局最美林草科技推广员等称号。从事竹子栽培和林下经济研究。主持和参加国际合作、国家重点研发等项目40多项，获成果18项，其中获国家科技进步奖二等奖1项，部/省科技进步奖二、三等奖各1项，以及梁希林业科学技术奖一等奖1项、二等奖3项；出版专著6部，发表论文60余篇，制定地方标准1项，发明专利4件；培养硕士研究生27名。